Trainingskurs Mathematik

Vorbereitung auf höhere berufsbildende Schulen

Carsten Velten
Hans Velten
unter Mitarbeit der Verlagsredaktion

Cornelsen

Technische Umsetzung: Stürtz GmbH, Würzburg
Technische Zeichnungen: Ulrich Sengebusch, Geseke

www.cornelsen.de

1. Auflage, 12. Druck 2008

Druck: CS-Druck CornelsenStürtz, Berlin

ISBN 978-3-464-41230-5

Inhalt gedruckt auf säurefreiem Papier aus nachhaltiger Forstwirtschaft.

Inhaltsverzeichnis

Bruchzahlen – Dezimalzahlen – Rationale Zahlen

DEFINITIONEN

Bruch: $\frac{\textit{Zähler}}{\textit{Nenner}}$ ····► $\frac{a}{b}, \frac{1}{3}, \frac{9}{5}, \ldots$

Gemischte Zahl: $2\frac{1}{3}, 3\frac{1}{10}, 5\frac{3}{5},$ ····► $2\frac{1}{3} = 2 + \frac{1}{3} = \frac{7}{3}; \quad 3\frac{1}{10} = 3 + \frac{1}{10} = \frac{31}{10}$

Dezimalbruch: 1,25; 12,123; 4,399 ····► $1{,}25 = 1 + 2 \cdot \frac{1}{10} + 5 \cdot \frac{1}{100} = \frac{125}{100}$

periodischer Dezimalbruch: $1{,}\overline{3}$; $1{,}2\overline{23}$ ····► $1{,}\overline{3} = 1{,}333\ldots = \frac{4}{3}$

Rationale Zahlen:

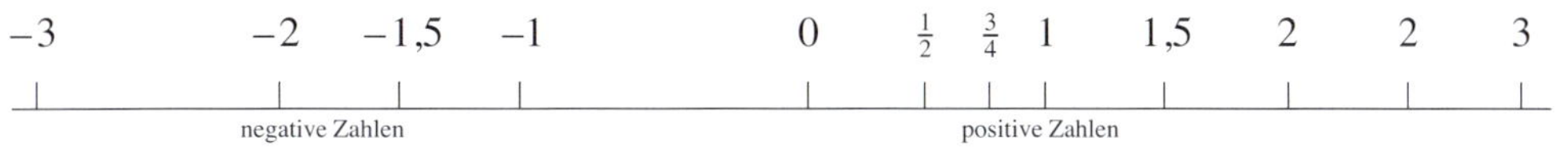

$-1{,}5$ bzw. $-\frac{3}{2}$ ist **Gegenzahl** von 1,5 bzw. $\frac{3}{2}$

1,5 bzw. $\frac{3}{2}$ ist Gegenzahl von $-1{,}5$ bzw. $-\frac{3}{2}$

(Positive) Brüche und deren (negativen) Gegenzahlen bilden zusammen mit der 0 die rationalen Zahlen.

GRUNDRECHENREGELN

Kürzen und Erweitern: ····►
Brüche werden gekürzt (erweitert), indem man Zähler und Nenner durch (mit) die(der)selbe(n) Zahl dividiert (multipliziert).

$\frac{2}{6} = \frac{2:2}{6:2} = \frac{1}{3}; \quad \frac{9}{3} = \frac{9:3}{3:3} = 3; \quad \frac{a:c}{b:c} = \frac{a}{b}$

$\frac{2}{5} = \frac{2 \cdot 2}{5 \cdot 2} = \frac{4}{10}; \quad \frac{3}{7} = \frac{3 \cdot 3}{7 \cdot 3} = \frac{9}{21}; \quad \frac{a}{b} = \frac{a \cdot c}{b \cdot c}$

Gleichnamig machen: ····►
Zwei Brüche werden gleichnamig gemacht, indem man sie so erweitert, daß sie anschließend den gleichen Nenner besitzen.

$\frac{2}{3}; \frac{3}{4} \Rightarrow \frac{2 \cdot 4}{3 \cdot 4}; \frac{3 \cdot 3}{4 \cdot 3} \Rightarrow \frac{8}{12}; \frac{9}{12}$

$\frac{1}{2}; \frac{5}{4} \Rightarrow \frac{1 \cdot 2}{2 \cdot 2}; \frac{5}{4} \Rightarrow \frac{2}{4}; \frac{5}{4}$

$\frac{a}{b}; \frac{c}{d} \Rightarrow \frac{a \cdot d}{b \cdot d}; \frac{c \cdot b}{d \cdot b}$

$\frac{3}{5}; \frac{1}{3} \Rightarrow \frac{3 \cdot 3}{5 \cdot 3}; \frac{1 \cdot 5}{3 \cdot 5} \Rightarrow \frac{9}{15}; \frac{5}{15}$

Addition und Subtraktion: ····►
- Brüche werden addiert (subtrahiert), indem man sie gleichnamig macht und anschließend die Zähler addiert (subtrahiert).
- Die Addition (Subtraktion) negativer Zahlen kann durch die Subtraktion (Addition) der entsprechenden positiven Gegenzahl ersetzt werden.

$\frac{2}{3} + \frac{3}{4} = \frac{2 \cdot 4}{3 \cdot 4} + \frac{3 \cdot 3}{4 \cdot 3} = \frac{8}{12} + \frac{9}{12} = \frac{17}{12}$

$\frac{1}{2} + \frac{5}{4} = \frac{1 \cdot 2}{2 \cdot 2} + \frac{5}{4} = \frac{2}{4} + \frac{5}{4} = \frac{7}{4}$

$\frac{a}{b} + \frac{c}{d} = \frac{a \cdot d}{b \cdot d} + \frac{c \cdot b}{d \cdot b} = \frac{a \cdot d + c \cdot b}{b \cdot d}$

$-0{,}5 + (-0{,}7) = (-\frac{5}{10} - \frac{7}{10} = -\frac{12}{10} =) -1{,}2$

$a + (-b) = a - b$

$a - (-b) = a + b$

$(-a) + (-b) = -(a + b) = -a - b$

Multiplikation und Division: ····►
- Brüche werden multipliziert, indem man Zähler mit Zähler und Nenner mit Nenner multipliziert.
- Man dividiert durch einen Bruch, indem man mit seinem Kehrbruch multipliziert.
- Die Multiplikation (Division) zweier negativer Zahlen ist positiv.

$\frac{2}{3} \cdot \frac{2}{5} = \frac{2 \cdot 2}{3 \cdot 5} = \frac{4}{15}; \quad \frac{2}{3} : \frac{2}{5} = \frac{2}{3} \cdot \frac{5}{2} = \frac{5 \cdot 2}{3 \cdot 2} = \frac{10}{6} \; (= \frac{5}{3})$

$\frac{1}{2} \cdot \frac{5}{7} = \frac{1 \cdot 5}{2 \cdot 7} = \frac{5}{14}; \quad \frac{1}{2} : \frac{5}{7} = \frac{1}{2} \cdot \frac{7}{5} = \frac{1 \cdot 7}{5 \cdot 2} = \frac{7}{10}$

$\frac{a}{b} \cdot \frac{c}{d} = \frac{a \cdot c}{b \cdot d}; \quad \frac{a}{b} : \frac{c}{d} = \frac{a}{b} \cdot \frac{d}{c} = \frac{a \cdot d}{b \cdot c}$

$\frac{3}{7} \cdot (-2) = \frac{3}{7} \cdot \frac{(-2)}{1} = -\frac{3 \cdot 2}{7 \cdot 1} = -\frac{6}{7}$

$-3{,}2 \cdot (-2) = 6{,}4; \; (-1{,}5) \cdot 2{,}2 = -3{,}3; \; (-\frac{1}{2}) \cdot (-\frac{1}{2}) = \frac{1}{4}$

$(-a) \cdot (-b) = a \cdot b$

$(-a) \cdot b = -(a \cdot b) = a \cdot (-b)$

$a \cdot b + a \cdot d = a \cdot (b + d)$

AUFGABEN RATIONALE ZAHLEN

1. Rechne folgende Brüche in Dezimalzahlen um bzw. umgekehrt.

a) $\frac{1}{2}$ b) $\frac{2}{4}$ c) $4\frac{1}{2}$ d) $\frac{8}{25}$ e) $2\frac{1}{5}$ f) $7\frac{4}{5}$ g) $32\frac{12}{15}$ h) $17\frac{3}{8}$ i) $8\frac{1}{3}$ j) $19\frac{10}{11}$

k) 0,2 l) 0,84 m) 0,005 n) 1,25 o) 4,125 p) 10,875 q) 5,775 r) 0,125 s) $0,\overline{3}$ t) $1,0\overline{3}$

2. Vergleiche folgende Brüche bezüglich ihrer Größe, schreibe als $a < b$, $a > b$ oder $a = b$.

a) $\frac{3}{4}$; $\frac{4}{4}$ b) $\frac{1}{2}$; $\frac{7}{2}$ c) $\frac{7}{9}$; $\frac{5}{9}$ d) $\frac{4}{11}$; $\frac{4}{12}$ e) $\frac{5}{3}$; $\frac{5}{6}$ f) $\frac{2}{6}$; $\frac{2}{9}$ g) 1 ; $\frac{1}{2}$

h) $\frac{3}{4}$; $\frac{5}{7}$ i) $\frac{1}{2}$; $\frac{2}{5}$ j) $\frac{7}{9}$; $\frac{11}{10}$ k) $\frac{4}{11}$; $\frac{2}{3}$ l) $\frac{5}{3}$; $\frac{10}{6}$ m) $\frac{1}{6}$; $\frac{2}{9}$ n) $\frac{3}{6}$; $\frac{1}{2}$

3. Addiere folgende Brüche und kürze das Ergebnis.

a) $\frac{1}{2}+\frac{3}{2}$ b) $\frac{2}{5}+\frac{4}{5}$ c) $\frac{5}{2}-\frac{1}{2}+\frac{3}{2}-\frac{4}{2}$ d) $\frac{5}{3}-\frac{2}{3}-\frac{1}{3}+\frac{7}{3}$

e) $\frac{3}{4}+\frac{1}{6}$ f) $\frac{1}{2}+\frac{5}{8}$ g) $\frac{2}{5}+\frac{5}{6}$ h) $\frac{1}{3}+\frac{1}{9}$

i) $\frac{1}{5}+\frac{3}{4}$ j) $\frac{4}{5}-\frac{1}{3}$ k) $\frac{5}{9}-\frac{1}{3}$ l) $\frac{3}{5}-\frac{1}{2}$

m) $\frac{1}{2}+\frac{2}{3}$ n) $\frac{1}{4}-\frac{1}{6}$ o) $\frac{1}{2}-\frac{1}{4}+\frac{1}{8}-\frac{1}{10}$ p) $\frac{7}{8}-\frac{2}{7}-\frac{1}{4}$

q) $\frac{1}{2}+\frac{5}{6}+\frac{7}{9}-\frac{5}{12}$ r) $\frac{100}{200}+\frac{300}{400}+\frac{225}{25}$ s) $1-\frac{1}{2}-\frac{1}{4}$ t) $3-(\frac{3}{2}+\frac{6}{4})$

4. Addiere folgende Brüche und kürze das Ergebnis.

a) $7\frac{1}{2}-3\frac{1}{4}$ b) $4\frac{1}{8}+3\frac{3}{4}$ c) $3\frac{3}{5}+2\frac{1}{2}$ d) $2\frac{1}{3}+\frac{1}{6}$

e) $5\frac{1}{2}-2\frac{3}{4}$ f) $1\frac{3}{6}-\frac{11}{12}$ g) $\frac{3}{4}+\frac{1}{6}+\frac{7}{8}$ h) $\frac{2}{5}+\frac{1}{3}+\frac{5}{6}$

i) $3\frac{1}{2}+2\frac{1}{2}-1\frac{1}{2}$ j) $4\frac{1}{2}-2\frac{1}{4}-1\frac{1}{8}$ k) $3\frac{2}{3}+2\frac{2}{6}-4\frac{4}{9}$ l) $10-2\frac{1}{4}-1\frac{1}{4}$

m) $2\frac{1}{3}+\frac{1}{2}-\frac{5}{6}$ h) $4\frac{5}{8}+1\frac{1}{10}+3\frac{4}{5}$ o) $4\frac{1}{9}+3\frac{5}{6}-1\frac{2}{3}$ p) $9\frac{2}{5}-1\frac{1}{3}-4\frac{5}{6}$

5. Multipliziere bzw. dividiere folgende Brüche und kürze das Ergebnis, falls dies möglich ist.

a) $4\cdot\frac{1}{8}$ b) $\frac{4}{5}\cdot 2$ c) $(-\frac{5}{9})\cdot 3$ d) $\frac{1}{2}\cdot\frac{4}{3}$ e) $\frac{3}{2}\cdot\frac{4}{6}$ f) $\frac{(-7)}{8}\cdot\frac{(-8)}{7}$ g) $2\frac{1}{4}\cdot 4$ h) $1\frac{2}{3}\cdot(-2\frac{1}{3})$

i) $4:\frac{1}{2}$ j) $\frac{2}{3}:(-2)$ k) $\frac{3}{2}:\frac{6}{4}$ l) $\frac{1}{8}:\frac{3}{10}$ m) $1\frac{1}{3}:3$ n) $3\frac{1}{4}:\frac{1}{4}$ o) $4\frac{4}{6}:1\frac{2}{9}$ p) $\dfrac{\frac{1}{2}}{\frac{1}{4}}$

6. Berechne folgende Brüche und kürze das Ergebnis, falls dies möglich ist.

a) $\frac{4}{5}-3\cdot\frac{1}{10}$ b) $\frac{4}{7}+\frac{5}{3}\cdot\frac{1}{5}$ c) $3\cdot\frac{7}{8}-2\cdot\frac{1}{3}$

d) $6\frac{4}{5}-3\cdot\frac{1}{2}+2\cdot\frac{1}{3}$ e) $3\cdot\frac{1}{8}+2\cdot\frac{1}{2}-5\cdot\frac{5}{6}$ f) $9\cdot\frac{5}{6}-3\cdot\frac{1}{2}-2\cdot\frac{4}{5}$

g) $\frac{21}{25}:\frac{7}{36}+\frac{3}{14}:\frac{5}{28}$ h) $\frac{36}{11}:\frac{18}{33}-\frac{15}{14}:\frac{5}{7}$ i) $1\frac{1}{2}:1\frac{1}{3}+2\cdot\frac{1}{4}$

j) $\frac{1}{2}-\frac{1}{6}\cdot\frac{2}{3}$ k) $\frac{3}{4}+(-\frac{2}{3})+\frac{4}{21}:\frac{1}{7}-\frac{5}{12}$ l) $3\cdot(\frac{1}{3}+2\frac{2}{3})$

m) $\frac{5}{8}:\frac{1}{2}+1\frac{5}{7}\cdot\frac{7}{4}-\frac{9}{14}:\frac{3}{7}$ n) $3\frac{1}{5}\cdot\frac{5}{8}-2\frac{2}{3}\cdot\frac{3}{16}+14\frac{9}{12}$ o) $\frac{2}{5}\cdot\frac{3}{2}+\frac{1}{10}:2$

p) $(\frac{1}{4}+\frac{1}{2})\cdot(\frac{4}{3}+\frac{2}{6})$ q) $5\cdot(\frac{2}{5}+\frac{1}{10})\cdot(1-\frac{1}{5})$ r) $(\frac{(-1)}{3}+\frac{10}{6})\cdot(\frac{7}{2}-\frac{1}{2})$

7. Berechne folgende gemischte Aufgaben ohne Hilfe des Taschenrechners.

a) $1,5-0,25\cdot 2$ b) $-19+(0,5+1,75)\cdot 4$ c) $(2,5-1,25)\cdot\frac{4}{5}$

d) $(1,\overline{3}\cdot 3-\frac{1}{2}):7$ e) $10-[3,6-(0,6\cdot 3+0,2)]$ f) $(2,25-\frac{1}{4}):(-1+0,5)$

g) $[(4,125-\frac{1}{2}):\frac{1}{8}+1]:3$ h) $(1,\overline{3}\cdot 9-\frac{9}{3}):3+(-\frac{1}{2}+2)$ i) $12\cdot\frac{1}{3}+12\cdot\frac{1}{4}-7$

j) $(\frac{1}{2}-\frac{1}{4}):(-1,5+0,25)$ k) $(2,\overline{6}-\frac{1}{3}):(-1\frac{1}{3}+0,\overline{3})$ l) $\{6,1+[\frac{1}{10}-(1,2:\frac{1}{5}+0,1)]\}\cdot 10$

Dreisatz – Prozentrechnung – Zinsrechnung

DEFINITIONEN DREISATZRECHNUNG

Proportionale Zuordnung
Eine proportionale Zuordnung ist gegeben, wenn beide veränderliche Größen im gleichen Verhältnis zu- oder abnehmen und die folgende Verhältnisgleichung erfüllt wird: ····►

„a verhält sich zu b wie x zu c“
oder als Verhältnisgleichung:

$a : b = x : c$ bzw. $\frac{a}{b} = \frac{x}{c}$

(wobei a, b und c bekannt und x unbekannt ist)

Umgekehrt proportionale Zuordnung
Eine umgekehrt proportionale Zuordnung ist gegeben, wenn eine veränderliche Größe zu-, die andere abnimmt und die zugehörige Verhältnisgleichung lautet: ····►

$a \cdot b = c \cdot x$
(wobei a, b und c bekannt und x unbekannt ist)

Zusammengesetzter Dreisatz
Beim zusammengesetzen Dreisatz geht man von mehr als drei Größen aus. Es können dabei sowohl proportionale als auch umgekehrt proportionale Zuordnungen vorkommen.

LÖSUNGSSCHEMA DREISATZRECHNUNG

Beispiel proportionales Verhältnis:
Ein Bagger hebt in 8 Stunden 450 m^3 Boden aus. Wie viel Boden würde er bei gleicher Leistung in 20 Stunden ausheben?

1. Satz	Drücke das bekannte Verhältnis aus.	„In 8 Stunden werden 450 m^3 ausgehoben.“
2. Satz	Schließe von der bekannten Mehrheit auf eine Einheit.	„In 1 Stunde werden $\frac{450}{8}$ m^3 ausgehoben.“
3. Satz	Schließe von der Einheit auf die gesuchte Mehrheit.	„In 20 Stunden werden $\frac{450}{8} \cdot 20$ m^3 ausgehoben.“
Ergebnis	Die gesuchte Größe lautet: $\frac{450}{8} \cdot 20$ m^3 = 1125 m^3.	

Das gleiche Ergebnis erhält man durch Auflösen der Verhältnisgleichung nach der Unbekannten x.

Verhältnisgleichung: $\frac{450}{8} = \frac{x}{20}$ | multipliziere auf beiden Seiten der Gleichung mit 20

$\Rightarrow \frac{450}{8} \cdot 20 = x$ also

$x = 1125$

Beispiel umgekehrt proportionales Verhältnis:
Zur Pflasterung einer Garageneinfahrt benötigen 3 Pflasterer 24 Stunden. Wie viel Zeit würden bei gleicher Leistung 4 Pflasterer benötigen?

1. Satz	Drücke das bekannte Verhältnis aus.	„3 Pflasterer benötigen 24 Stunden.“
2. Satz	Schließe von der bekannten Mehrheit auf eine Einheit.	„1 Pflasterer benötigt $24 \cdot 3$ Stunden.“
3. Satz	Schließe von der Einheit auf die gesuchte Mehrheit.	„4 Pflasterer benötigen $\frac{24 \cdot 3}{4}$ Stunden.“
Ergebnis	Die gesuchte Größe lautet: $\frac{24 \cdot 3}{4}$ Stunden = 18 Stunden.	

Das gleiche Ergebnis erhält man durch Auflösen der Verhältnisgleichung nach der Unbekannten x.

Verhältnisgleichung: $24 \cdot 3 = x \cdot 4$ | dividiere auf beiden Seiten der Gleichung durch 4

$\Rightarrow \frac{24 \cdot 3}{4} = x$ also

$x = 18$

Beispiel zusammengesetzter Dreisatz:
Bei 10-stündiger Arbeitszeit wurde eine Mauer von 36 Maurern in 15 Tagen fertiggestellt. Wie viel Tage würden 27 Maurer bei 8-stündiger Arbeitszeit benötigen?

1. Satz	Drücke das bekannte Verhältnis aus.	„Bei 10-stündiger Arbeitszeit benötigen 36 Maurer 15 Tage."
2. Satz	Schließe von der bekannten Mehrheit auf eine Einheit.	„Bei 1-stündiger Arbeitszeit benötigen 36 Maurer $15 \cdot 10$ Tage."
3. Satz	Schließe von der Einheit auf eine der gesuchten Mehrheiten.	„Bei 8-stündiger Arbeitszeit benötigen 36 Maurer $\frac{15 \cdot 10}{8}$ Tage."
4. Satz	Schließe von der bekannten Mehrheit auf die zweite Einheit.	„Bei 8-stündiger Arbeitszeit benötigt 1 Maurer $\frac{15 \cdot 10}{8} \cdot 36$ Tage."
5. Satz	Schließe von dieser Einheit auf die zweite (endgültige) gesuchten Mehrheit.	„Bei 8-stündiger Arbeitszeit benötigen 27 Maurer $\frac{15 \cdot 10 \cdot 36}{8 \cdot 27}$ Tage."
Ergebnis	Die gesuchte Größe lautet: $\frac{15 \cdot 10 \cdot 36}{8 \cdot 27}$ Tage = 25 Tage.	

Beachte:

- Beim zusammengesetzten Dreisatz sollten aus Gründen der Übersicht nie 2 Größen gleichzeitig verändert werden, deshalb wurden im Beispiel erst die Anzahl der Stunden, dann die der Maurer verändert.
- Obiges Beispiel enthält eine „Zusammensetzung" zweier umgekehrt proportionaler Zuordnungen. Daher lautet die entsprechende Verhältnisgleichung ····► $10 \cdot 36 \cdot 15 = 8 \cdot 27 \cdot x$.
- Bei andersartiger Zusammensetzung ändert sich die Verhältnisgleichung entsprechend ····► $\frac{a \cdot b}{c} = \frac{x \cdot d}{e}$ oder $\frac{a}{c \cdot b} = \frac{d}{e \cdot x}$.
- Das fehlerfreie Aufstellen der Verhältnisgleichung beim zusammengesetzten Dreisatz erfordert einige Übung. Daher sollte zuerst immer obiges Lösungsschema benutzt werden.

AUFGABEN DREISATZRECHUNG

1. Ein Pkw verbraucht auf 100 km 9,6 Liter Benzin. Welche Strecke kann er mit einer Tankfüllung von 60 Litern zurücklegen?

2. Ein Pkw fährt mit einer Durchschnittsgeschwindigkeit von 120 $\frac{\text{km}}{\text{h}}$. In welcher Zeit legt er eine Strecke von 420 km zurück?

3. Im Baumarkt kosten 40 Linsenkopf-Stahlstifte 0,68 €. Wie viel € würden 250 Stahlstifte gleichen Typs kosten?

4. Krimsekt kostet in einer Weinhandlung im Sechserpack 53,85 €. Wie viel bezahlt man für 4 Flaschen zum gleichen Stückpreis?

5. Eine Straße steigt auf 2,4 km Länge um 8,4 m. Wie viel m würde sie bei gleichbleibender Steigung auf 5 km steigen?

6. Im Supermarkt werden bratfertige 3 kg schwere Puten zum Stückpreis von 5,97 € angeboten. Wie viel würde eine 4 kg schwere Pute kosten?

7. Zur Herstellung einer Garageneinfahrt benötigen 3 Pflasterer 7,5 Stunden. Wie lange würde die Arbeit dauern, wenn 5 Pflasterer eingesetzt werden können?

8. Ein Kunde zahlt an einer Tankstelle für 40 l Benzin 43,20 €. Ein zweiter Kunde zahlt 75,60 €. Wie viel Liter Benzin hat er getankt?

9. Ein 6 m^2 großes Kupferblech, 4 mm dick, wiegt 213,6 kg. Wie viel wiegt ein 3 mm dickes Kupferblech, das eine Fläche von 4 m^2 hat?

10. Beim Metzger kostet 2,5 kg Schweinefilet 24,50 €. Wie viel müsste ein Kunde für 3,5 kg zahlen? Wie hoch ist der Preis für 400 g?

11. Zur Herstellung von 3,6 m^3 Mauerwerk wurden 720 l Mörtel benötigt. Wie viel Mörtel werden zur Herstellung von 12,4 m^3 benötigt?

12. Von einer Bank bekommt ein Tourist für 400 € 432 Dollar. Wie viel Dollar hätte er bekommen, wenn er 2250 € umgetauscht hätte?

13. In ein Regal passen 40 Ordner von 50 mm Breite. Es sollen neue Ordner mit einer Breite von 80 mm eingeführt werden. Wie viele Ordner würden in das alte Regal passen?

14. Ein Verkäufer erhält bei einem monatlichen Umsatz von 45 200 € eine Provision von 3164 €. Im nächsten Monat erhöht sich seine Provision um 220,50 €. Wie hoch war der Umsatz?

15. Ein Rohbau kann von einer 24 Mann starken Kolonne in 45 Tagen erstellt werden. Wie viele Mann müssten zusätzlich eingesetzt werden, wenn der Rohbau 5 Tage früher fertig sein soll?

16. Zwei Stahlbleche, je 3 mm dick, wiegen 94,2 kg. Wie viele Stahlbleche, 5 mm dick, würden zusammen 392,5 kg wiegen?

17. Von 5 Maurern werden 616 m^2 Mauerwerk in 154 h hergestellt. Wie viel Mauerwerk könnten bei gleicher Leistung 6 Maurer in 160 h herstellen?

18. Zum Ausheben eines Rohrgrabens benötigen 27 Arbeiter bei einer täglichen Arbeitszeit von 8 h 25 Tage. Wie viel Mann müssten eingesetzt werden, wenn der Rohrgraben in 15 Tagen bei 10-stündiger Arbeit ausgehoben werden soll?

19. Um 1800 m^3 Wasser 12 m hoch zu fördern, wird eine Pumpe von 4 kW benötigt. Welche Wassermenge könnte von einer 8-kW-Pumpe 16 m hoch gefördert werden?

20. Ein Schwimmbecken wird durch ein Wasserrohr mit einem Querschnitt von 86 cm^2 bei einer Wassergeschwindigkeit von 1,2 $\frac{m}{s}$ in 5 h gefüllt. Wie groß müsste der Querschnitt einer Leitung sein, um bei einer Fließgeschwindigkeit von 1,5 $\frac{m}{s}$ das Becken in 8 h zu füllen?

21. Um 1280 Karosserieteile herzustellen, müssen 4 Stanzen 8 h lang eingesetzt werden. Um wie viel Stunden muss die tägliche Arbeitszeit erhöht werden, wenn 2400 Karosserieteile täglich hergestellt werden sollen und 2 Stanzen zusätzlich eingesetzt werden können?

22. In einem Zeltlager sind für 30 Jugendliche für die nächsten 5 Tage 75 kg Nudeln vorgesehen. Wie viel Nudeln müssten zusätzlich gekauft werden, wenn bei gleichem Pro-Kopf-Verbrauch statt 30 Jugendliche 35 erscheinen und die Freizeit um 3 Tage verlängert wird?

23. Auf drei automatischen Werkzeugmaschinen lassen sich 150 Metallhülsen in 1 h 15 min herstellen. Wie viele Hülsen könnten in 2 h 30 min hergestellt werden, wenn 2 Maschinen zusätzlich zum Einsatz kämen?

24. Um am Ende eines Geschäftsjahres die Inventur vorzubereiten, müssen 5 Mitarbeiter an 12 Tagen 6 Stunden damit beschäftigt werden. Wie viele Mitarbeiter müssten eingesetzt werden, wenn täglich nur 5 Stunden daran gearbeitet werden kann und für die Durchführung nur 9 Tage zur Verfügung stehen?

25. Um eine Decke von 96 m^2 Fläche einzuschalen, benötigen 3 Einschaler bei einer täglichen Arbeitszeit von 8 h 2 Tage. Wie viel Tage würden 4 Einschaler benötigen, um eine Decke von 144 m^2 Fläche einzuschalen, wenn die tägliche Arbeitszeit um 1 h erhöht würde?

26. Eine Baustelle sollte von 9 Monteuren bei einer täglichen Arbeitszeit von 8 h in 18 Tagen eingerichtet werden. 2 Monteure fielen wegen Krankheit, einer wegen Urlaub aus. Um wie viel Stunden müsste die tägliche Arbeitszeit erhöht werden, wenn die Baustelle termingerecht eingerichtet sein muss?

27. In 3 Tagen verbrauchen 6 Dieselmotoren bei einer täglichen Laufzeit von 16 Stunden 2016 l Dieselkraftstoff. Durch Ausweitung der Produktion sollen in Zukunft 8 Motoren eingesetzt werden und die tägliche Laufzeit um 2 Stunden erhöht werden. Mit welchem Kraftstoffverbrauch pro Tag muss gerechnet werden?

28. Drei Lkws benötigen 9 Tage, um bei 10 Fahrten am Tag 1539 t Kiessand zu transportieren. Wie viel Kiessand würden 5 Lkws an 6 Tagen befördern, wenn am Tag nur 8 Fahrten durchgeführt werden können?

29. Um eine Seilwinde anzutreiben, sodass sie mit einer Geschwindigkeit von 15 $\frac{m}{min}$ eine Last mit einer Gewichtskraft von 400 kN hebt, benötigt man einen Elektromotor mit einer Leistung von 144 kW. Welche Leistung müsste ein Elektromotor haben, wenn die Seilwinde eine Last von 250 kN mit einer Geschwindigkeit von 3 $\frac{m}{min}$ heben müsste?

30. Für eine Baustelle muss Kies angeliefert werden. Neun Lkws mit 8 t Tragkraft würden den Auftrag in 120 h ausführen. Welche Zeit würden 6 Lkws mit 12 t Tragkraft benötigen?

31. Die monatliche Stromrechnung für 8 Lampen beträgt bei täglich 8-stündiger Brenndauer 18 €. Welcher Betrag ist zu zahlen, wenn 12 Lampen mit gleicher Leistung täglich 6 Stunden brennen?

32. Zwölf Einschaler haben bei 9-stündiger Arbeitszeit in 7 Tagen 390 m^2 Betonschalung hergestellt. Wie viel Einschaler sind bei gleicher Leistung einzusetzen, wenn in insgesamt 21 Tagen 2340 m^2 Betonschalung hergestellt werden müssen, um den Terminplan einzuhalten, und die tägliche Arbeitszeit nur 8 Stunden beträgt?

DEFINITIONEN PROZENT- UND ZINSRECHNUNG

Grundformel der Prozentrechnung:

Prozentwert = Prozentsatz · Grundwert ····►
$W = p\% \cdot G$

$p\% = \frac{W}{G}$ $G = \frac{W}{p\%}$

wobei $p\% = \frac{p}{100}$ ····►

$50\% = \frac{50}{100} = 0{,}5$; $25\% = \frac{25}{100} = 0{,}25$;

$1\% = \frac{1}{100} = 0{,}01$

Beachte:
- Der Anteil in Prozentschreibweise heißt Prozentsatz.
- Prozentsatz und Prozentwert sind zueinander proportional.
- Der Prozentwert, der dem Prozentsatz 100 % zugeordnet ist, heißt Grundwert.

Zinsrechnung:
Die Zinsrechnung ist eine spezielle Anwendung der Prozentrechnung, wobei gilt:
Prozentwert – Zinsen
Prozentsatz – Zinssatz
Grundwert – Kapital

Die Grundformel lautet damit:
Zinsen = Zinssatz · Kapital
$Z = p\% \cdot K$

Unterjährige Verzinsung: 30/360-Methode

Grundsatz: 1 Jahr entspricht 360 Tagen, ····►
1 Monat entspricht 30 Tagen,
unabhängig von der tatsächlichen Anzahl.

4 Monate und 17 Tage = $4 \cdot 30 + 17 = 137$ Tage
bei 6 % im Jahr ist die Verzinsung
in 4 Monaten und 17 Tagen dann: $6\% \cdot \frac{137}{360} = 2{,}28\%$

(Für die unterjährige Verzinsung kommen in der Praxis verschiedene Modelle zur Anwendung. Das obige Modell wird dabei sehr häufig verwendet und soll daher an dieser Stelle als repräsentatives Beispiel auch für die folgenden Aufgaben verwendet werden.)

LÖSUNGSBEISPIELE PROZENT- UND ZINSRECHNUNG

Beispiel Prozentrechnung:

Ein Architekt berechnet für sich 8,5 % der Baukosten als Honorar. Wie hoch ist sein Honorar für ein Zweifamilienhaus, dessen Baukosten 621 000 € betragen?

Lösung:

$W = p\% \cdot G$
$W = \frac{8{,}5}{100} \cdot 621\,000$ €
$W = 52\,785$ €

oder über Dreisatz:

100 % entsprechen 621 000 €
1 % entspricht $\frac{621\,000}{100}$ €
8,5 % entsprechen $\frac{621\,000 \cdot 8{,}5}{100}$ €
$W = 52\,785$ €

Beispiel Zinsrechnung:

Ein Kapital wird für 6 % angelegt. Nach einem Jahr betragen die Zinsen 3600 €. Wie hoch war das Kapital am Anfang?

Lösung:

$Z = p\% \cdot K$
$3\,600$ € $= \frac{6}{100} \cdot K$
$\frac{3\,600 \cdot 100}{6}$ € $= K$
$K = 60\,000$ €

oder über Dreisatz:

6 % entsprechen 3 600 €
1 % entspricht $\frac{3\,600}{6}$ €
100 % entsprechen $\frac{3\,600 \cdot 100}{6}$ €
$K = 60\,000$ €

AUFGABEN PROZENT- UND ZINSRECHNUNG

1. In einer Umschulungsmaßnahme brachte der letzte Test folgende Ergebnisse:

Note:	1	2	3	4	5	6
Anzahl der Schüler:	2	4	8	5	1	0

Wie viel Prozent betragen die einzelnen Notenstufen?

2. In einer FOS-Klasse sind 17 Jungen und 8 Mädchen. Wie viel Prozent Jungen bzw. Mädchen sind in der Klasse?

3. Der Listenpreis eines Pkws beträgt 23 925 €. Der Kunde bekommt den Wagen für 21 054 €. Um wie viel Prozent liegt dieser Preis unter dem Listenpreis?

4. Der Kauf eines Autos verteuert sich um 1920,45 €, da die Bezahlung in Raten erfolgt. Wie hoch war der ursprüngliche Preis des Autos, wenn die Verteuerung 10,5 % beträgt?

5. Ein Auto verbraucht auf 400 km 47 l Benzin, ein anderes Auto verbraucht 65,8 l auf 700 km. Um wie viel Prozent ist der Verbrauch eines der beiden Autos niedriger als der des anderen?

6. Der Preis eines Autos erhöht sich durch Teilzahlung von 38 950 € auf 42 650,25 €. Wie viel Prozent beträgt der Aufschlag?

7. In einem Kaufhaus werden nach einer Preiserhöhung um 5 % vier Winterreifen zusammen für 327,60 € angeboten. Wie viel kosteten die Reifen vorher?

8. Eine Anwaltsgehilfin zahlt monatlich 22 % Lohnsteuer, das sind 435,60 €. Wie hoch ist ihr Bruttolohn?

9. Ein Maurer bekommt einen Stundenlohn von 11,76 €, da er im Akkord arbeitet. Um wie viel Prozent liegt er damit über dem Normallohn von 11,20 €?

10. Eine Fachverkäuferin bekommt nach Abzug von 32,8 % Abgaben 1428 € Nettogehalt ausgezahlt. Wie hoch ist das Bruttogehalt?

11. Der Stundenlohn eines Industriechemikers von 11,20 € soll um 2,5 % erhöht werden. Wie hoch ist der neue Stundenlohn?

12. Frau Winzig kaufte eine Eigentumswohnung für 145 125 €. Da sie Extrawünsche hatte, musste sie 7,5 % mehr zahlen als vorgesehen. Wie viel sollte die Wohnung ursprünglich kosten?

13. Die Maklergebühren bei einem Hauskauf liegen bei 2 % des Kaufpreises. Außerdem fallen weitere Mehrkosten von 16 000 € an. Mit wie viel Prozent Mehrkosten sind bei einem Kaufpreis von 200 000 € zu rechnen?

14. Ein Architekt berechnet einem Bauherrn als Honorar 8,5 % der Baukosten. Wie hoch ist sein Honorar bei einem Einfamilienhaus mit Baukosten in Höhe von 290 300 €?

15. Ein Reihenhaus sollte für 244 750 € erstellt werden. Die Kosten stiegen während der Bauzeit auf 259 435 €. Wie viel Prozent betrug die Preissteigerung?

16. Das Wohnzimmer eines Einfamilienhauses soll mit Fliesen ausgelegt werden. Die Wohnzimmerfläche beträgt 36,50 m^2. Wie viel m^2 Fliesen müssen geliefert werden, wenn mit 6 % Verschnitt zu rechnen ist?

17. Ein Baugrube mit einem festen Bodenvolumen von 400 m^3 soll ausgehoben werden. Wie viele Lkws mit 12 m^3 Ladung sind bei einer Auflockerung des Bodens von 14 % zum Abtransport erforderlich?

18. Eine Entwässerungsleitung aus Steinzeugrohren soll mit einem Gefälle von 1 : 80 verlegt werden.
    a) Wie viel Prozent beträgt das Gefälle?
    b) Um wie viel Meter fällt die Leitung auf 120 Meter?

19. Eine Weinhandlung gewährt ihren Kunden bei Bestellung über 200 € 2 % Rabatt. Ein Käufer bestellt Wein für 432 €.
    a) Wie groß ist seine Ermäßigung?
    b) Wie viel muss er bezahlen?

20. Ein Baumarkt gewährt den Mitgliedern von Siedlergemeinschaften auf alle Einkäufe 6 % Preisnachlass. Wie viel müsste ein Mitglied für einen Rasenmäher zahlen, der normal 164,50 € kostet?

21. Eine Kundin kauft in einem Sportgeschäft einen Heimtrainer zum Preis von 399,50 €. Als Mitglied eines Sportvereins bekommt sie Ermäßigung und zahlt nur 367,54 €. Wie viel Prozent betrug der Preisnachlass?

22. Ein Gärtner kauft einen Rasentraktor und erhält einen Rabatt. Wie viel Prozent Rabatt bekommt er, wenn er statt 1342,50 € nur 1261,95 € bezahlt?

23. Für eine Kettensäge zahlt ein Hobbygärtner nach Abzug von 3 % Rabatt 184,30 €. Wie hoch war der ursprüngliche Verkaufpreis?

24. Der Grundpreis eines Wagens beträgt 27 500 €. Die Sonderausstattung erhöht den Preis um 1000 €. Wegen Barzahlung erhält der Käufer 12 % Rabatt. Wie viel Prozent vom Grundpreis sind tatsächlich gezahlt worden?

25. Der reguläre Preis einer Monatskarte im Fitnessstudio beträgt 75 €. Eine Jahreskarte kostet das 12fache abzüglich 20 % Rabatt. Schüler erhalten auf diesen Preis eine weitere Ermäßigung von 50 %. Wie teuer ist eine Jahreskarte für Schüler?

26. Ein Kapital von 22 500 € wird zu einem Zinssatz von 7,5 % angelegt. Wie hoch ist der Zins nach 9 Monaten und 10 Tagen?

27. Das Haus der Familie Müller ist mit einer Hypothek belastet. Familie Müller zahlt bei einem Zinssatz von 8,5 % monatlich 637,50 €. Wie hoch ist die Hypothek?

28. Ein Sparer erhält für sein Kapital von 42 500 € bei einem Zinssatz von 6,5 % 552,50 € ausgezahlt. Wie lange war das Kapital angelegt?

29. Für ein Darlehen von 33 000 € mussten bei einem Zinssatz von 8 % insgesamt 9240 € an Zinsen gezahlt werden. Nach welcher Zeit wurde das Darlehen abgelöst?

30. Herr Schmidt kauft einen Pkw zum Preis von 13 750 € und lässt diese Summe vom Autohändler finanzieren. In einem Jahr hat Herr Schmidt 15 331,25 € gezahlt. Wie hoch war der Zinssatz?

31. Ein Handwerker kauft Werkzeuge für 2300 € ein. Er erhält einen Rabatt von 6 % und, da er bar zahlt, noch 2 % Skonto. Welchen Preis muss er zahlen?

32. In einem Baumarkt werden zwei Artikel zu Einzelpreisen von 65 € und 47,50 € angeboten. Beide Artikel zusammen bekommt man für 102 €. Wie hoch sind die Rabatte, wenn für den ersten Artikel der Rabatt 2,5-mal so hoch ist wie der Rabatt für den zweiten?

33. Ein Schüler findet eine Brieftasche mit 1125 € Inhalt. Der Verlierer zahlt den gesetzlichen Finderlohn von 5 % für die ersten 500 € und 3 % für den Rest. Wie hoch ist der Finderlohn?

34. Wie viel Prozent Preisnachlass gewährt ein Fliesenleger seinem Auftraggeber, wenn er statt 13 700 € nur 12 604 € berechnet?

35. Herr Boller plant in seinem Garten einen Teich anzulegen. Das Volumen des Teiches würde 15,6 m^3 betragen. Wie viel Boden muss Herr Boller per Container abfahren lassen, wenn mit einer Auflockerung von 15 % zu rechnen ist?

36. In einem Kaufhaus mit einer Fotoabteilung werden Poster der Größe 20 × 30 cm vom Negativ im Sonderangebot für 0,57 € angeboten. Normal kosten solche Vergrößerungen 0,95 €. Wie viel Prozent beträgt die Ermäßigung?

37. Herr Köster legt bei seiner Bank 25 000 € für 5 Jahre zu je 6 % fest. Nach Ablauf der 5 Jahre verlängert er den Sparvertrag um weitere 3 Jahre zu je 6,75 %.
a) Welchen Betrag bekommt Herr Köster nach 8 Jahren ausgezahlt (ohne Berücksichtigung der Zinseszinsen)?
b) Welchen Betrag hätte Herr Köster nach 5 Jahren ausgezahlt bekommen?

38. Herr Steger hat ein Kapital auf 5 Jahre zu 6 % festgelegt. Wie hoch war das Kapital, wenn Herr Steger nach 5 Jahren 45 500 € ausgezahlt wurden?

39. Ein Unternehmer muss für eine Materiallieferung 8229 € bezahlen, da die Preise um 5,5 % angehoben wurden. Wie viel hätte er vor dieser Verteuerung bezahlen müssen?

40. In der Anzeige eines Baumarktes wird ein Schrank zum Preis von 282 € netto bei folgenden Zahlungsbedingungen angeboten:
6 % Preisnachlass bei Abnahme von 2 oder mehr Stück,
19 % Mehrwertsteuer,
2 % Skonto bei Zahlung innerhalb einer Woche.
Wie teuer sind 3 Schränke bei Barzahlung?

41. Um ein Zimmer mit Holz zu verkleiden, sind 50 m^2 Holzpaneele vorhanden. Die zu verkleidende Fläche beträgt 46,8 m^2. Wie viel m^2 Paneele müssen noch nachgeliefert werden, wenn mit 18 % Verschnitt zu rechnen ist?

42. 500 g Erdbeeren werden auf dem Wochenmarkt für 1,75 € angeboten. Beim Kauf von 1,5 kg zahlt der Kunde nur 4,50 €. Wie viel Prozent beträgt die Ersparnis?

43. Das Gestell eines Partyzeltes in besonders stabiler Ausführung, mit 8 Dachverstrebungen, kostet in einem Baumarkt 79 €. Die dazu passenden Bezüge aus Polyester mit Heringen und Befestigungsschnüren in diversen Farben kosten 119 €. Beim Kauf von zwei oder mehr Zelten bekommt der Kunde 6 % Preisnachlass, außerdem 2 % Skonto bei Barzahlung. Eine Firma kauft 5 Zelte und zahlt bar. Wie hoch ist der Preis?

44. In einem Gartencenter werden Großstauden für Beet-, Rabatten- und Teichbepflanzung im 3-Liter-Container für 9,95 € angeboten. Bei Abnahme von 4 Containern bekommt der Kunde 10 % Preisnachlass. Wie viel spart der Kunde, verglichen mit dem ursprünglichen Preis?

45. Sonnenschirme, Durchmesser 2,70 m, aus Aluminiumrohr mit einer wetterfesten Polyesterbespannung werden in einem Baumarkt von 87,50 € auf 70 € herabgesetzt. Wie viel Prozent beträgt der Preisnachlass?

46. Zum Bau eines Einfamilienhauses benötigt Familie Koch eine Hypothek von 150 000 €. Die Zinsen für die ersten 5 Jahre sind auf 6 % pro Jahr festgelegt. Außerdem muss Familie Koch 1 % Tilgung pro Jahr zahlen. Wie hoch sind die monatlichen Kosten der Familie Koch?

47. Familie Stein zahlt für eine Eigentumswohnung 840 € pro Monat. Der Zinssatz für das Darlehen, das Familie Stein benötigte, beträgt 6,5 %, die jährliche Tilgung 1 %. Wie hoch ist das Darlehen, das Familie Stein benötigte?

Terme – Binomische Formeln

DEFINITIONEN UND RECHENREGELN TERME

Variable
In der Mathematik werden Buchstaben, die als Platzhalter für Zahlen benutzt werden, **Variable** genannt. Da man für diese Buchstaben je nach Situation verschiedene Zahlen einsetzten kann, werden Variable auch Veränderliche genannt.

Terme ····►
Ausdrücke, in denen Variable und/oder Zahlen mit Rechenzeichen verbunden werden, heißen **Terme**. Der **Wert eines Terms** ergibt sich dann, wenn man für jede Variable eine Zahl einsetzt.

Term : $x + 5$; Variable : x ;
Wert des Terms bei z.B. $x = 2 : x + 5 = 2 + 5 = 7$
Term : $x \cdot 3$; Variable : x ;
Wert des Terms bei z.B. $x = 4 : x \cdot 3 = 4 \cdot 3 = 12$
Term : $2 \cdot x + 4 \cdot y$; Variable : x, y;
Wert des Terms bei z.B. $x = 2$ und $y = 3$:
$2 \cdot x + 4 \cdot y = 2 \cdot 2 + 4 \cdot 3 = 4 + 12 = 16$
Term : $x \cdot (x + y)$; Variable : x, y ;
Wert des Terms bei z.B. $x = 5$ und $y = 1$:
$x \cdot (x + y) = 5 \cdot (5 + 1) = 5 \cdot 6 = 30$

Elementare Rechengesetze:

Kommutativgesetz ····►
$a + b = b + a$
$a \cdot b = b \cdot a$

$3 + 5 = 8$ bzw. $5 + 3 = 8$
$1 + 2 = 3$ bzw. $2 + 1 = 3$
$4 + 12 = 16$ bzw. $12 + 4 = 16$
$4 \cdot 3 = 12$ bzw. $3 \cdot 4 = 12$
$10 \cdot 2 = 20$ bzw. $2 \cdot 10 = 20$
$15 \cdot 5 = 75$ bzw. $5 \cdot 15 = 75$

Assoziativgesetz ····►
$a + (b + c) = (a + b) + c = a + b + c$
$a \cdot (b \cdot c) = (a \cdot b) \cdot c = a \cdot b \cdot c$

$1 + (2 + 3) = 1 + 5 = 6$ bzw. $(1 + 2) + 3 = 3 + 3 = 6$
$3 + (3 + 4) = 3 + 7 = 10$ bzw. $(3 + 3) + 4 = 6 + 4 = 10$
$2 + (6 + 1) + 1 = 2 + 7 + 1 = 10$
bzw. $(2 + 6) + (1 + 1) = 8 + 2 = 10$
$2 \cdot (6 \cdot 3) = 2 \cdot 18 = 36$ bzw. $(2 \cdot 6) \cdot 3 = 12 \cdot 3 = 36$
$4 \cdot (5 \cdot 2) = 4 \cdot 10 = 40$ bzw. $(4 \cdot 5) \cdot 2 = 20 \cdot 2 = 40$
$8 \cdot (2 \cdot 4) = 8 \cdot 8 = 64$ bzw. $(8 \cdot 2) \cdot 4 = 16 \cdot 4 = 64$

Distributivgesetz ····►
$a \cdot (b + c) = a \cdot b + a \cdot c$
$(a + b) \cdot c - a \cdot c + b \cdot c$

$2 \cdot (1 + 3) = 2 \cdot 1 + 2 \cdot 3 = 2 + 6 = 8$
bzw. $2 \cdot (1 + 3) = 2 \cdot 4 = 8$
$(2 + 2) \cdot 3 = 2 \cdot 3 + 2 \cdot 3 = 6 + 6 = 12$
bzw. $(2 + 2) \cdot 3 = 4 \cdot 3 = 12$
$4 \cdot (1 + 2 + 3) = 4 \cdot 1 + 4 \cdot 2 + 4 \cdot 3 = 4 + 8 + 12 = 24$
bzw. $4 \cdot (1 + 2 + 3) = 4 \cdot 6 = 24$
$(5 + 7) \cdot 8 = 5 \cdot 8 + 7 \cdot 8 = 40 + 56 = 96$
bzw. $(5 + 7) \cdot 8 = 12 \cdot 8 = 96$

Zusammenfassungen gleicher Variablen oder Zahlen:

in Summen ····►
$x + x + x + x + x = 5 \cdot x = 5x$
(vereinfachte Schreibweise)

$5 + 5 + 5 + 5 + 5 + 5 = 6 \cdot 5 = 30$
$2 + 2 + 2 + 2 = 4 \cdot 2 = 8$
$a + a + a + a + a + a = 6 \cdot a = 6a$
$x + x + x + y + y = 3 \cdot x + 2 \cdot y = 3x + 2y$
$3a + a + a + 6b + b = 5a + 7b$

in Produkten ····►
$x \cdot x \cdot x \cdot x = x^4$ **(Potenzschreibweise)**

$2 \cdot 2 \cdot 2 \cdot 2 = 2^4 = 16$
$10 \cdot 10 \cdot 10 = 10^3 = 1000$
$6 \cdot 6 = 6^2 = 36$
$x \cdot x \cdot x \cdot x^3 = x^6$
$a \cdot a \cdot a \cdot b \cdot b = a^3 \cdot b^2$

Gemischte Beispiele ····►

$3 \cdot 3 + 2 \cdot 2 \cdot 2 = 3^2 + 2^3 = 9 + 8 = 17$
$x \cdot x \cdot x + y \cdot y + a \cdot a^2 = x^3 + y^2 + a^3$
$2x \cdot 2x \cdot 2x = (2x)^3 = 2^3 x^3 = 8x^3$
$x^2 + x^2 + x^2 + x^2 = 4x^2$
$x^2 + xy + y^2 + 2xy + x \cdot x = 2x^2 + 3xy + y^2$
$x \cdot (x + y) + x^2 + 2xy = x^2 + xy + x^2 + 2xy = 2x^2 + 3xy$

Beachte:
- x^n nennt man auch die ***n*-te Potenz** von x.
- Zur Erinnerung: Die Multiplikation zweier negativer Zahlen ist positiv. Daher ····►

$(-x)^2 = x^2$ z.B.: $(-2)^2 = 4$; $(-1)^2 = 1$; aber $-(2^2) = -4$

Auflösen von Klammern:

Geschachtelte Klammern
***a* + *b* + *c* + *d* = *a* + [*b* + (*c* + *d*)]** ····►
1. Lösungsvariante
Schrittweise rechnen ····►

$1 + 2 + 4 + 3$

$1 + 2 = 3$
$3 + 4 = 7$
$7 + 3 = 10$

2. Lösungsvariante
Klammern von innen nach außen berechnen ····►

$1 + 2 + 4 + 3 = 1 + [2 + (4 + 3)]$
$= 1 + [2 + 7]$
$= 1 + [9]$
$= 10$

Klammern mit Differenzen oder negativen Zahlen ····►
Eine Klammer, vor der ein Minuszeichen steht, löst man auf, indem man die Vorzeichen in der Klammer umdreht:
a* – (*b* + *c* – *d*) = *a* – *b* – *c* + *d

$10 - (3 + 2) = 10 - 3 - 2 = 5$
bzw. $10 - (3 + 2) = 10 - 5 = 5$
$12 - (1 + 6 - 2) = 12 - 1 - 6 + 2 = 7$
bzw. $12 - (1 + 6 - 2) = 12 - 5 = 7$
$-(2 - 4) = -2 + 4 = 2$
bzw. $-(2 - 4) = -(-2) = 2$
$20 - [10 - (5 + 25)] = 20 - [10 - 5 - 2] = 20 - 10 + 5 + 2 = 17$
bzw. $20 - [10 - (5 + 25)] = 20 - [10 - 7] = 20 - 3 = 17$

Beachte:
- Eine Klammer, vor der ein Pluszeichen steht, löst man auf, indem man sie einfach weglässt. (siehe Assoziativgesetz)

Summen multiplizieren ····►
Zwei Summen multipliziert man, indem man jeden Summand der ersten mit jedem Summanden der zweiten Summe multipliziert und die Ergebnisse addiert.
$(a + b)(c + d) = ac + ad + bc + bd$
oder **$(a + b)(c - d) = ac - ad + bc - bd$**
oder **$(a - b)(c + d) = ac + ad - bc - bd$**
oder **$(a - b)(c - d) = ac - ad - bc + bd$**

$(2 + 3)(3 + 4) = 2 \cdot 3 + 2 \cdot 4 + 3 \cdot 3 + 3 \cdot 4 = 6 + 8 + 9 + 12 = 35$
bzw. $(2 + 3)(3 + 4) = 5 \cdot 7 = 35$
$(1 + 2)(5 - 1) = 1 \cdot 5 - 1 \cdot 1 + 2 \cdot 5 - 2 \cdot 1 = 5 - 1 + 10 - 2 = 12$
bzw. $(1 + 2)(5 - 1) = 3 \cdot 4 = 12$
$(2 - 1)(6 - 3) = 2 \cdot 6 - 2 \cdot 3 - 1 \cdot 6 + 1 \cdot 3 = 12 - 6 - 6 + 3 = 3$
bzw. $(2 - 1)(6 - 3) = 1 \cdot 3 = 3$
$(1 + 2 + 3)(2 + 3 - 1) = 1 \cdot 2 + 1 \cdot 3 - 1 \cdot 1 + 2 \cdot 2 + 2 \cdot 3 - 2 \cdot 1$
$+ 3 \cdot 2 + 3 \cdot 3 - 3 \cdot 1 = 2 + 3 - 1 + 4 + 6 - 2 + 6 + 9 - 3 = 24$
bzw. $(1 + 2 + 3)(2 + 3 - 1) = 6 \cdot 4 = 24$

$(x + 2)(x + 1) = x \cdot x + x \cdot 1 + 2 \cdot x + 2 \cdot 1$
$= x^2 + x + 2x + 2 = x^2 + 3x + 2$
$(\frac{1}{2}x + 1)(2x - 1) = \frac{1}{2}x \cdot 2x - \frac{1}{2}x \cdot 1 + 1 \cdot 2x - 1 \cdot 1$
$= x^2 - \frac{1}{2}x + 2x - 1 = x^2 + 1\frac{1}{2}x - 1$
$(x - y)(3 - 2x) = x \cdot 3 - x \cdot 2x - y \cdot 3 + y \cdot 2x$
$= 3x - 2x^2 - 3y + 2xy$

AUFGABEN TERME

1. Fasse zusammen und vereinfache die Terme.
Beispiel:
$3a + 7b - a + b = 2a + 8b = 2(a + 4b)$

a) $a + a + b + a + b$
b) $c + d + 2c - 4d$
c) $4u + 3v - 2u - v$
d) $5x + 7y - x + 13y$
e) $10k + 6m - 8n + 5k - m - 2n$
f) $3m + 0{,}6n - 0{,}6m + 1{,}8n$
g) $\frac{1}{3}a + \frac{4}{9}b + \frac{5}{6}a + \frac{11}{9}b + \frac{1}{6}a$
h) $\frac{4}{5}c - \frac{2}{3}d + \frac{1}{9}e + \frac{1}{6}d - \frac{1}{5}c + \frac{5}{9}e$
i) $1{,}8x + 2{,}3y + 3{,}2z - 0{,}9x - 1{,}1y - 1{,}4z$
j) $\frac{7}{16}a + \frac{1}{4}b - \frac{3}{4}c - \frac{1}{4}a - \frac{1}{16}b + \frac{3}{8}c$
k) $5\frac{1}{3}a + 1\frac{1}{6}b - \frac{1}{2}c + \frac{1}{3}b - \frac{5}{6}a + \frac{1}{3}c + 9\frac{1}{2}a - 3\frac{1}{2}b + 1\frac{1}{6}c$
l) $4\frac{1}{3}u + 1\frac{1}{2}v - 4z - 2\frac{1}{2}u + 3\frac{1}{4}z - 4\frac{1}{2}v$
m) $7\frac{1}{4}a + 6\frac{1}{2}b - 4c - 2\frac{1}{2}a - 8b + 5\frac{1}{8}c$
n) $6\frac{1}{3}x + 1\frac{3}{4}y + 3\frac{1}{2}z - 1\frac{1}{3}x + 1\frac{1}{4}y + 2\frac{1}{2}z$
o) $7\frac{1}{4}ax - 3\frac{1}{2}bx + 5\frac{2}{3}cx - 2\frac{1}{8}ax + 4\frac{1}{3}bx - 2\frac{1}{9}cx$
p) $4\frac{5}{6}xy + \frac{2}{3}xz - 7\frac{1}{6}yz + 3\frac{1}{2}xz + 2\frac{1}{3}yz - \frac{5}{6}xy$
q) $5r^2 + 1\frac{3}{4}s^2 - 5\frac{1}{2}t^2 + 3\frac{1}{3}r^2 + 2\frac{1}{2}s^2 + 4\frac{1}{8}t^2$
r) $3\frac{1}{2}a^2 - 3\frac{1}{6}b^2 + 1\frac{1}{8}c^2 + 2\frac{1}{2}a^2 - c^2 + 5\frac{2}{3}b^2$

2. Löse die Klammern auf und vereinfache die Terme.
Beispiel:
$3x + 2y + 9z - [2z - (4x - 9y)] = 3x + 2y + 9z - [2z - 4x + 9y]$
$= 3x + 2y + 9z - 2z + 4x - 9y = 7x - 7y + 7z = 7(x - y + z)$

a) $2a - [\frac{1}{2}a - (a + 4) - 2]$
b) $3u + [4 - (2u - 1) + 8u] + 7$
c) $4u^2 + u - 5 - [u^2 + (u - u^2)] + 11$
d) $4x - [2x - (x + 18) - 3] + 3$
e) $10a + b - [4a + (b - a) - 3a]$
f) $37s - [2s - (25s + 12t) + (37t - 15s)]$
g) $(5a + 8b) - [(3a - 6b) - (5a + 7b)]$
h) $[(2a - 5b) - 12b] - (7a - 5b) - [-(4a + b)]$
i) $(u + 2v - 3w) - [4v - (3u + 2v - 3w)]$
j) $[-9l - (3m + 4n) + 10l] - (l - 5m) + 6n$
k) $-(3x + 14y) + [(7x - 2y) - (-4x + 3y) - y]$
l) $16uv - (5vw + 21uv) - (13wz - 18uv) - (26wz + 21vw)$
m) $6x - [9y - (2x + 4z) - (2x + 3y - 8z)]$
n) $3{,}4x - [(-1{,}8x - 0{,}02y) - (1{,}08y - 3{,}2z) - 4{,}1y - 8{,}4z]$
o) $8\frac{1}{2}x - [(3\frac{1}{3}y - 2z) - 4x] - [4y - (3x - z)]$
p) $3\frac{4}{5}m - [8\frac{1}{3}n - (2m - 4\frac{1}{6}n)] - [3\frac{5}{6}n + (3\frac{1}{2}m - 2\frac{1}{3}n)]$
q) $(x - 11) - [x - (5x - 7)] - [2 + (4 - 3x)]$
r) $8\frac{1}{2}m - [6\frac{1}{3}n - (n - 5{,}5m)] - [5\frac{1}{6}n + (2m - 0{,}5n)]$

3. Multipliziere die Summen aus.
Beispiel:
$3(2a + b) = 6a + 3b$

a) $4(a + b)$
b) $6(x - y)$
c) $x(m + n)$
d) $u(3 - v)$
e) $2u(u + v)$
f) $2{,}5(4x + 2y)$
g) $7a(3a - 2b)$
h) $-3m(-m - n)$
i) $2{,}4a(a^2 - 5a)$
j) $\frac{1}{2}(4x - 12y)$
k) $\frac{2}{7}(7 - \frac{7}{2}k)$
l) $5(3a - 2b + 4c)$
m) $-2(15x - 2y + 8z)$
n) $3m(2a - 2b + 4c)$
o) $-20(-5u + 3v - 1{,}5w)$
p) $6m(3m - 1{,}5n - 4mn)$
q) $16(\frac{1}{2}x + \frac{3}{4}y - \frac{1}{8}z)$
r) $\frac{3}{4}(\frac{8}{9}a - \frac{5}{6}b - \frac{1}{12}c)$

4. Multipliziere und fasse zusammen.
Beispiel:
$3(u + 2v) + 2u = 3u + 6v + 2u = 5u + 6v$

a) $7(x + y) + 2x$
b) $2(2x - 3y) - 6x + y$
c) $4(2a - 2b) + (5b - 2a)$
d) $3{,}5(2u - 4v + 6w) - (u + v)$
e) $9x - 2(x - 3y) + 4(y + 4x)$
f) $u(3u - 2v) - 2v(1{,}5u - 5{,}5v) + 2uv$
g) $-3m(m - n + 20) - 4m(2m + 8n - 3)$
h) $\frac{1}{2}(2x - 4) - 5(2x + 8) + \frac{1}{4}(12x - 4)$
i) $2x^2 - 4x(x + 2y) + 3y^2 + 2y(2x - y) + 3xy$

5. Multipliziere und fasse zusammen.
Beispiel:
$(2a + 3b)(4m + 2u) = 8am + 4an + 12bm + 6bn$

a) $(a + b)(m - n)$
b) $(a - 3b)(4a + 2b)$
c) $(u - v)(3d - 2c)$
d) $(3m - 4n)(5x - 3y)$
e) $(2a - 3b)(1{,}5a - 2b)$
f) $(-3x - 5y)(x + y)$
g) $(\frac{2}{3}x - \frac{1}{3}y)(6x - 6y)$
h) $(3 + s)(7 - 5s)$
i) $(2{,}5r - 1{,}5s)(-4r - 2s)$
j) $(4{,}2u - 2{,}4v)(5u - 10v)$
k) $(3{,}2a - 1{,}4b)(1{,}8a + 2{,}2b)$
l) $(0{,}5x - 1{,}5y)(1{,}5x - 0{,}5y)$
m) $(2{,}5m + 4{,}2n)(2m + 2{,}1n)$
n) $(-1{,}8r - 2{,}4s)(-3{,}2r - 0{,}2s)$
o) $(\frac{1}{4}a + \frac{3}{5}b)(\frac{2}{3}a - \frac{2}{3}b)$
p) $(\frac{5}{6}u + \frac{1}{3}v)(\frac{9}{10}u - \frac{3}{5}v)$
q) $(\frac{2}{3}m + \frac{3}{4}n)(-\frac{3}{4}m - \frac{2}{3}n)$
r) $(-\frac{1}{8}s + \frac{5}{7}t)(-\frac{4}{5}s - \frac{3}{4}t)$

6. Multipliziere und fasse zusammen.

a) $(x + 2y)(3a + b + 2c)$
b) $(x - y - z)(2a - 2b)$
c) $(2x + 4y - 3z)(-u - 3v)$
d) $(-x - 2y - 3z)(-m - n)$
e) $(2a + 5b - c)(3a - b)$
f) $(-4r - 3s)(2{,}5r - 5s - 3t)$
g) $(3a + 4b - 8c)(3a - 7b - c)$
h) $(1{,}5x - 3{,}5y + 6z)(6x + 10y - 2z)$
i) $(0{,}3m + 4{,}4n - 2{,}6p)(-5m - 10n + 5p)$

7. Multipliziere und fasse zusammen.

a) $2r^2 + (2r - 2s)(4r + 3) + s^2 - 6rs$
b) $12b^2 + (2a + 2b)(7a - 3b) - 2ab - 2a^2$
c) $4x^2 - (2x - 5y)(x - 3y) - xy + y^2$
d) $36m^2 + 93mn - (12m - 5n)(3m + 9n) - 45n^2$
e) $16n^2 + (2 + 2n)(8n + 5) + 4n^2 - 15$
f) $(4x - 3y)(y + x) + (8x + 2y)(3x + 4y)$
g) $(3u + 5v)(2u - 6v) - (u - 7v)(9u + 2v)$
h) $5x(5x - 3y) - 8x(4x + 2y) - (7x + y)(x - 3y)$
i) $(-2)(5a - 7b)(2a + 3b) + 3(\frac{2}{3}a + \frac{1}{3}b) - 6(\frac{5}{6}a - \frac{2}{3}b)$
j) $(4x + 2y)(x - y) - 2(x + y)(x - y)$

8. Klammere aus.
Beispiel:
$5x + 5y = 5(x + y)$

a) $2x - 2y$
b) $10{,}5a + 10{,}5b$
c) $3ax - 3ay$
d) $ax + ay$
e) $12u + 24v$
f) $26xy - 13xz$
g) $8ax - 2ay$
h) $9ax + 3ay$
i) $7x - 7y + 7z$
j) $2ax + 2ay + 4az$
k) $3a - 15b + 9c$
l) $4ab + 6ac - 2ad$
m) $-5xu + 15xv - 10xz$
n) $8ax - 4ay - 16az$
o) $22mp + 11mq - 33mr$
p) $\frac{3}{4}bx - \frac{3}{4}by + \frac{3}{4}bz$
q) $\frac{1}{3}ab + \frac{5}{12}ac - \frac{2}{9}ac$
r) $\frac{1}{2}xu - \frac{1}{8}xv + \frac{3}{4}xz$

9. Schreibe folgende Summen oder Differenzen als Produkt (Faktorisieren).
Beispiel:
$3(a + b) - x(a + b) = (a + b)(3 - x)$

a) $8(a + b) + (a + b)$
b) $x(u - v) - y(u - v)$
c) $a(3m - n) - b(3m - n)$
d) $x(3 - r) - (3 - r)$
e) $5u(a - 2b) + v(a - 2b)$
f) $2x(3u + v) - (3u + v)$
g) $4a(7m - n) - b(-n + 7m)$
h) $(5a - 3b)(8m - n) + (2a - b)(8m - n)$
i) $(4x + 5y)(2u - 3v) - (x - 2y)(2u - 3v)$
j) $(3a + b)(x - y) - (a - 5b)(x - y)$
k) $2(4m - n)(a - 3b) + 3(m - 2n)(a - 3b)$
l) $4(a + 2b)(3r - s) - (3r - s)(2a + 3b) + 5(4a - 2b)(3r - s)$
m) $(2x + y)(m - n) + 3(8x + y)(m - n) - (m - n)(x - 2y)$
n) $(4a + 3b)(x - y) - (x - y) - (x - y) - (a + 2b)(x - y)$
o) $(4u - 3v)(6m - n) - 2(6m - n)(u + 2v) - (6m - n)$
p) $3(15 - 3a)(x - 8y) - 2(a + 7)(x - 8y) - (x - 8y)$
q) $6(4m - 3n)(2a - 3b) + 3(2m + 7n)(2a - 3b) - 2a + 3b$
r) $2(u + 2v)(4r - s) - u - 2v + (4r - 7s)(u + 2v)$

10. Faktorisiere.
Beispiel:
$ab + ac + mb + mc = a(b + c) + m(b + c) = (b + c)(a + m)$

a) $ax + ay + bx + by$
b) $2m + 2n + 3m + 3n$
c) $ax + ay + x + y$
d) $3am - mv + 3a - v$
e) $4uv - u + 12vy - 3y$
f) $2mu + a - 2m - au$
g) $2ac - 2ad + 3bc - 3bd$
h) $10mx - yn + 5nx - 2ym$
i) $2mu - 3nu - 6mv + 9nv$
j) $4(r - 3s) - r + 3s$
k) $5ax + 5bx - 5cx + 5ay + 5by - 5cy$
l) $10am + 15bm + 5cm - 6an - 9bn - 3cn$
m) $12ru - 3rv + 6r - 28u + 7v - 14$
n) $-6am + 12an - 2ap + 3bm - 6bn + bp$

DEFINITIONEN UND RECHENREGELN BINOMISCHE FORMELN

Aus folgenden drei Sonderfällen der Multiplikation von Summanden ergeben sich die binomischen Formeln:

1. Binomische Formel ····►
$(a+b)^2 = a^2 + 2ab + b^2$

$(x+2)^2 = x^2 + 4x + 4$

2. Binomische Formel ····►
$(a-b)^2 = a^2 - 2ab + b^2$

$(x-3)^2 = x^2 - 6x + 9$

3. Binomische Formel ····►
$(a+b)\cdot(a-b) = a^2 - b^2$

$(x+4)(x-4) = x^2 - 16$
$(2+3y)(2-3y) = 4 - 9y^2$

Graphische Erklärung für die 1. Binomische Formel ····►

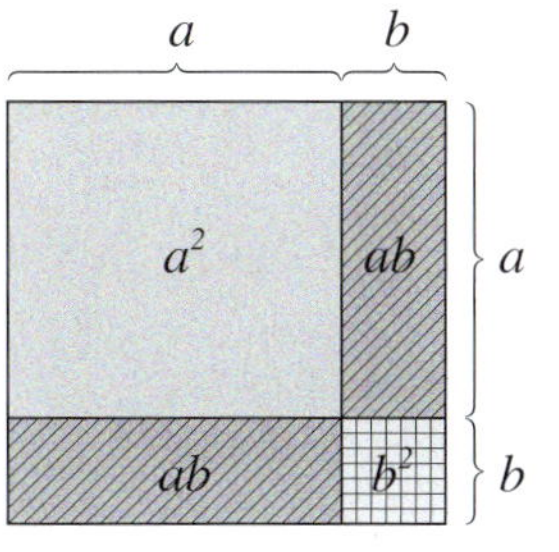

$(a+b)^2 = a^2 + 2ab + b^2$

Die Gleichungen ergeben sich aus folgenden Überlegungen:

1. Binomische Formel:

$(a+b)^2 = (a+b)(a+b)$	Potenz in Produkt umwandeln
$= aa + ab + ba + bb$	Klammern auflösen
$= a^2 + ab + ba + b^2$	in Potenzen umwandeln
$= a^2 + ab + ab + b^2$	Kommutativgesetz
$= a^2 + 2ab + b^2$	gleiche Summanden zusammenfassen

2. Binomische Formel:

$(a-b)^2 = (a-b)(a-b)$	Potenz in Produkt umwandeln
$= aa - ab - ba + bb$	Klammern auflösen
$= a^2 - ab - ba + b^2$	in Potenzen umwandeln
$= a^2 - ab - ab + b^2$	Kommutativgesetz
$= a^2 - 2ab + b^2$	gleiche Summanden zusammenfassen

3. Binomische Formel:

$(a+b)(a-b) = aa - ab + ba - bb$	Klammern auflösen
$= a^2 - ab + ba - b^2$	in Potenzen umwandeln
$= a^2 - ab + ab - b^2$	Kommutativgesetz
$= a^2 - b^2$	gleiche Summanden zusammenfassen

AUFGABEN BINOMISCHE FORMELN

Berechne mit Hilfe der binomischen Formeln.

1. a) $(x+2)^2$ b) $(2a+3)^2$ c) $(4-3u)^2$ d) $(1+5x)^2$ e) $(4+2m)^2$ f) $(1-8u)^2$ g) $(7-8n)^2$ h) $(5+3x)^2$ i) $(3u-2v)^2$ j) $(5x-3y)^2$

2. a) $(\frac{1}{3}a+b)^2$ b) $(\frac{1}{4}c-\frac{1}{4}d)^2$ c) $(\frac{3}{4}m-2n)^2$ d) $(\frac{1}{2}u+3v)^2$ e) $(\frac{2}{5}c+\frac{3}{4}d)^2$ f) $(\frac{6}{7}m-\frac{1}{8}n)^2$ g) $(\frac{4}{5}x+\frac{3}{5}y)^2$ h) $(\frac{2}{5}a-\frac{1}{4}b)^2$ i) $(2{,}5x-1)^2$ j) $(5u-\frac{1}{3}v)^2$ k) $(\frac{2}{3}m+n)^2$ l) $(8-\frac{3}{5}v)^2$

3. a) $(a-3b)^2$ b) $(\frac{4}{5}b-c)^2$ c) $(m+\frac{3}{4}n)^2$ d) $(8x+\frac{1}{2}y)^2$ e) $(\frac{7}{8}u+\frac{1}{2}v)^2$ f) $(\frac{3}{4}a-2)^2$ g) $(\frac{1}{3}m-n)^2$ h) $(\frac{2}{7}-5u)^2$ i) $(\frac{9}{11}x-y)$ j) $(\frac{1}{10}a-10b)^2$

4. a) $(x-y)(x+y)$ b) $(a+1)(a-1)$ c) $(4a-2u)(4a+2u)$ d) $(5u-2v)(5u+2v)$ e) $(7r+2s)(7r-2s)$ f) $(5x-2b)^2$ g) $(4a+2b)^2$ h) $(\frac{1}{3}u-\frac{2}{5}v)^2$ i) $(3-7u)(7u+3)$ j) $(5x-3y)(5x+3y)^2$ k) $(\frac{1}{2}x-2y)(\frac{1}{2}x+2y)$ l) $(\frac{1}{3}-3y)(3y+\frac{1}{3})$

5. Berechne, falls notwendig, mit Hilfe der Klammersetzung.
Beispiel:

$$\begin{aligned}(x+y+z)^2 &= [(x+y)+z]^2\\ &= (x+y)^2+2(x+y)z+z^2\\ &= x^2+2xy+y^2+2xz+2yz+z^2\\ &= x^2+y^2+z^2+2xy+2xz+2yz\\ &= x^2+y^2+z^2+2(xy+xz+yz)\end{aligned}$$

a) $(\frac{1}{2}a-\frac{4}{5}b)(\frac{1}{2}a+\frac{4}{5}b)$ b) $(\frac{1}{n}-m)(\frac{1}{n}+m)$ c) $(u-v+w)(u-v+w)$ d) $(n-m-l)(n-m-l)$ e) $(5x-3y-2)^2$ f) $(2u+v+3w)^2$ g) $(u+2v-1)(u+2v-1)$ h) $(2x-2y-2z)^2$ i) $(2a+b+3c)(2a+b-3c)$ j) $(7x-y-z)^2$ k) $(l-m+2n)(l-m-2n)$ l) $(\frac{1}{x}+x-1)(\frac{1}{x}+x+1)$

6. Stelle folgende Terme als Produkte dar.
Beispiel:

$$\begin{aligned}4a^2+4ab+b^2 &= (2a)^2+2\cdot 2ab+b^2\\ &= (2a+b)^2\end{aligned}$$

a) $u^2+2uw+w^2$ b) $x^2-2xy+y^2$ c) $9-48n+64n^2$ d) m^2+2m+1 e) $9a^2-6ab+b^2$ f) $4x^2+12xy+9y^2$ g) $16a^2-16ab+4b^2$ h) $16-x^2$ i) $9a^2-4b^2$ j) $1-x^2$ k) $4b^2-1$ l) $4{,}84u^2-9v^2$ m) $9x^2-24xy+16y^2$ n) $\frac{1}{64}a^2+\frac{3}{4}ab+9b^2$ o) $\frac{16}{25}m^2-\frac{9}{16}n^2$ p) $\frac{1}{4}a^2-3ab+9b^2$ q) $\frac{4}{9}r^2-\frac{25}{49}s^2$ r) $(\frac{1}{q})^2-81b^2$ s) $\frac{1}{16}+x+4x^2$ t) $(\frac{1}{n})^2-4+4n^2$

7. Stelle die folgenden Terme mit Hilfe der binomischen Formeln als Produkte dar.

a) $5x^2+3xy+y^2+xy-x^2$
b) $y^2-4xy+x^2+8y^2-2xy$
c) $2u^2+3uv+7v^2+2u^2+9uv+2v^2$
d) $a^2-b^2-9ab+50b^2-5ab$
e) $n^2+6m^2-7mn+3m^2+mn$
f) $5b^2+1-9b^2$
g) $12x^2+12xy+4y^2+4x^2+4xy$
h) $5u^2-11uv-5v^2-9uv-u^2+30v^2$
i) $10m^2-21n^2+6m^2+12n^2$
j) $9x^2-40xy+13y^2+7x^2+8xy+3y^2$
k) $17uv-5v^2+5u^2+3uv-u^2+30v^2$
l) $\frac{3}{4}x^2+y^2-\frac{1}{2}x^2-1\frac{1}{4}y^2$
m) $\frac{4}{9}x^2+\frac{1}{3}xy+\frac{7}{10}y^2-\frac{1}{3}x^2+\frac{1}{3}xy+\frac{3}{10}y^2$
n) $\frac{1}{3}x^2-\frac{1}{3}xy+\frac{2}{9}y^2-\frac{1}{9}xy+\frac{1}{9}x^2-\frac{1}{9}y^2$
o) $\frac{1}{5}m^2-\frac{3}{4}n^2-\frac{1}{25}m^2+\frac{1}{2}n^2$
p) $100b^2-700ab-75a^2+125b^2-50ab+700a^2$

Gleichungen – Ungleichungen

DEFINITIONEN GLEICHUNGEN – UNGLEICHUNGEN

Eine Gleichung bzw. Ungleichung ist ein mathematisches Objekt, das entsteht, wenn man zwei Terme in **Relation** zueinander setzt. Dabei entsteht eine **Gleichung**, wenn die Relation aus einem Gleichheitszeichen „=“ besteht und eine **Ungleichung**, wenn die Relation aus einem Ungleichheitszeichen „<“ bzw. „>“ besteht.

Gleichung: $3 + 5 = 8$

Ungleichung: $3 + 5 < 10$

Dabei entstehen **Aussagen**, die entweder **wahr** oder **falsch** sind. ····►

wahr	falsch
$7 + 1 = 8$	$13 < 12$
$3 - 2 < 5$	$5 - 2 = 5 + 2$
$10 \cdot 2 = 13 + 7$	$4 \cdot 2 - 1 > 100$
$2^2 > 3$	$3^3 = 28$

Gleichungen bzw. Ungleichungen können auch **Variable** enthalten. Die Menge der Zahlen, die für die Variablen eingesetzt werden können, heißt **Grundmenge**. Die Teilmenge der Zahlen, die für die Variablen in die (Un-)Gleichung eingesetzt werden können und eine wahre Aussage ergeben, heißt **Lösungsmenge.**

(Un-)Gleichung	Relation	Grundmenge	Lösungsmenge
$3 + x < 5$	„<“, also Ungleichung	{0; 1; 2; 3}	{0; 1}
$2 \cdot x > 4$	„>“, also Ungleichung	{–1; 1; 3,5; 7}	{3,5; 7}
$x - 1 = 5$	„=“, also Gleichung	{0; 2; 4; 6; 8; 10; …} Menge der geraden Zahlen	{6}
$2x + 1 < 7$	„<“, also Ungleichung	ℕ, die Menge der natürlichen Zahlen	{1; 2}
$x + 1 = 3{,}2$	„=“, also Gleichung	ℚ, die Menge der rationalen Zahlen	{2,2}
$3x + 1 > -1$	„>“, also Ungleichung	ℕ, die Menge der natürlichen Zahlen	ℕ, die Menge der natürlichen Zahlen

Beachte:

- Besitzt eine (Un-)Gleichung keine Lösung, dann ist die Lösungsmenge leer. Man nennt sie auch die „leere Menge“: {}. ····►

Gleichung: $x + 7 = 5$
Grundmenge: ℕ
Lösungsmenge: {}
Ungleichung: $2 \cdot x < 4$
Grundmenge: {3; 4; 5}
Lösungsmenge: {}

- Neben den aufgeführten Relationen „=“, „<“, „>“, gibt es auch noch folgende Relationen: „größer gleich („≥“) und „kleiner gleich“ („≤“). Ein Term ist „größer gleich“ einem anderen Term, wenn er entweder „größer“ oder „gleich“ diesem Term ist. Entsprechendes gilt für „kleiner gleich“. ····►

$4 \geq 2$; aber auch $2 \geq 2$
$1 \leq 5$; aber auch $5 \leq 5$

AUFGABEN GLEICHUNGEN – UNGLEICHUNGEN

1. Bestimme die Lösungen folgender Gleichungen durch Einsetzen der Zahlen der Grundmenge.
$G = \{-15; -2; -1; 1; 2; 5; 17; 28\}$
Beispiel:
$x + 1 = 0$

x	-15	-2	-1	1	2	5	17	28
$x+1$	-14	-1	0	2	3	6	18	29

Lösung: $x = -1$

a) $x + 4 = 9$
b) $3x - 2 = 4$
c) $15 - 3x = 12$
d) $-2x + 4 = 8$
e) $10x + 25 = 5$
f) $-3x - 53 = -8$
g) $-70 + 4x = -2$
h) $5x - 120 = 20$
i) $-23x + 17 = 40$
j) $-47 + 4x = 21$
k) $100 - 10x = 50$
l) $10x + 30 = 10$
m) $428 - 23x = 37$
n) $-11x + 490 = 435$
o) $-7x - 78 = 27$
p) $1000 - 100x = 720$

2. Bestimme diejenigen Zahlen der Grundmenge, die bei Einsetzen in die folgenden Ungleichungen zu einer wahren Aussage führen.
$G = \{-11; -9; -5; -0{,}5; 3; 7; 10; 20\}$
Beispiel:
$2x - 1 < 3$

x	-11	-9	-5	$-0{,}5$	3	7	10	20
$2x-1$	-23	-19	-11	-2	5	13	19	39
Aussage	*w*	*w*	*w*	*w*	*f*	*f*	*f*	*f*

a) $2x + 7 > 13$
b) $13x + 7{,}5 > 0$
c) $22 - 7x < -27$
d) $4x + 40 > 80$
e) $-x + 33 < 44$
f) $37 - 7x > -103$
g) $-3x - 20 < 7$
h) $40x + 3 > 23$
i) $29x + 97 > 300$
j) $144 - 12x < -96$
k) $7 + 5x < -38$
l) $7{,}5x + 13 > 35{,}5$
m) $3(-x + 8) > -9$
n) $0{,}5(x + 1{,}5) < \frac{1}{2}$
o) $332 - 3(x + 2) < 266$
p) $-10x - 20 > 120$

3. Bestimme diejenigen Zahlen der Grundmenge, die bei Einsetzen in die folgenden Ungleichungen zu einer wahren Aussage führen.
$G = \mathbb{N}$
Beispiel:
$x - 4 \geq 1$

x	1	2	3	4	5	6	7	8
$x-4$	-3	-2	-1	0	1	2	3	4
Aussage	*f*	*f*	*f*	*f*	*w*	*w*	*w*	*w*

wahre Aussage für $x \in \mathbb{N}$ und $x \geq 5$

a) $x + 6 > 10$
b) $2x - 1 < 4$
c) $18 - 5x \leq 20$
d) $-3 + x < -2$
e) $2(x + 1) < 13$
f) $10(x + 1{,}2) > 112$
g) $-1 \geq -(x - 5)$
h) $-2(3 - x) > 6$
i) $2x + \frac{1}{2} < 6$
j) $3 - \frac{x}{3} \leq \frac{3}{4}$
k) $\frac{2}{5} + \frac{1}{10}x > \frac{17}{20}$
l) $3(x - \frac{1}{2}) \leq \frac{7}{2}$
m) $2x + 1 > 10 - x$
n) $7 - x < x + 2$
o) $2(x - 4) < 4(x - 2)$
p) $3(-x + 5) \geq 4(10 - 2x)$

RECHENREGELN ÄQUIVALENTE GLEICHUNGEN

Zwei Gleichungen heißen **äquivalent**, wenn sie (bei gleicher Grundmenge) die gleiche Lösungsmenge besitzen. Im Folgenden soll immer von der Grundmenge $\mathbb{Q}$ der rationalen Zahlen ausgegangen werden. Besteht die Lösungsmenge aus nur einer Zahl, soll vereinfacht nur noch von der Lösung gesprochen werden. Die Mengenklammern werden dann bei der Lösung weggelassen.

Äquivalente Gleichungen erhält man durch **äquivalente Umformungen**. ····►
Äquivalente Umformungen führt man durch, indem man auf beiden Seiten der Gleichung

1. dieselbe Zahl addiert oder
2. dieselbe Zahl subtrahiert oder
3. dieselbe Zahl (außer 0) multipliziert oder
4. dieselbe Zahl (außer 0) dividiert.

Gleichung	Lösung	Äquivalente Gleichungen
$x + 2 = 7$	5	$x + 3 = 8$ $x - 1 = 4$ $x = 5$
$2y + 1 = 9$	4	$3y + 1 = 13$ $4y - 1 = 15$ $y = 4$
$-2x + 10 = 8$	1	$-3x + 10 = 8 - x$ $x + 1 = 2$ $x = 1$

Beachte:
Für die **äquivalente Umformung von Ungleichungen** gilt prinzipiell das Gleiche. Allerdings ist bei der Multiplikation bzw. Division einer negativen Zahl mit den Termen auf beiden Seiten der Ungleichung darauf zu achten, daß sich dabei das Relationszeichen umdreht, d.h. aus > wird < und umgekehrt. ····►

$x + 1 < 5$ äquivalent mit $2x + 2 < 10$
aber $x + 1 < 5$ äquivalent mit $-2x - 2 > -10$

LÖSUNGSBEISPIELE ÄQUIVALENTE GLEICHUNGEN

1. Lösen einer Gleichung durch eine Umformung

Addition	Subtraktion	Multiplikation	Division
$x - 4 = 7$ Lösung: $x - 4 = 7 \quad \mid + 4$ $x - 4 + 4 = 7 + 4$ $x = 11$	$x + 1 = 11$ Lösung: $x + 1 = 11 \quad \mid - 1$ $x + 1 - 1 = 11 - 1$ $x = 10$	$\frac{1}{2}x = 5$ Lösung: $\frac{1}{2}x = 5 \quad \mid \cdot 2$ $2 \cdot \frac{1}{2}x = 2 \cdot 5$ $x = 10$	$3x = 9$ Lösung: $3x = 9 \quad \mid : 3$ $\frac{3x}{3} = \frac{9}{3}$ $x = 3$

2. Lösen einer Gleichung durch mehrere Umformungen

Beispiel 1 (1. Variante)	Beispiel 1 (2. Variante)	Beispiel 2 (1. Variante)	Beispiel 2 (2. Variante)
$2x - 1 = 5$ Lösung: $2x - 1 = 5 \quad \mid + 1$ $2x - 1 + 1 = 5 + 1$ $2x = 6 \quad \mid : 2$ $\frac{2x}{2} = \frac{6}{2}$ $x = 3$	$2x - 1 = 5$ Lösung: $2x - 1 = 5 \quad \mid : 2$ $\frac{2x-1}{2} = \frac{5}{2}$ $\frac{2}{2}x - \frac{1}{2} = \frac{5}{2} \quad \mid +$ $x = \frac{5}{2} + \frac{1}{2}$ $x = 3$	$\frac{1}{3}x - \frac{1}{2} = 1$ Lösung: $\frac{1}{3}x - \frac{1}{2} = 1 \quad \mid + \frac{1}{2}$ $\frac{1}{3}x - \frac{1}{2} + \frac{1}{2} = 1 + \frac{1}{2}$ $\frac{1}{3}x = \frac{3}{2} \quad \mid \cdot 3$ $3 \cdot \frac{1}{3}x = 3 \cdot \frac{3}{2}$ $x = \frac{9}{2}$	$\frac{1}{3}x - \frac{1}{2} = 1$ Lösung: $\frac{1}{3}x - \frac{1}{2} = 1 \quad \mid \cdot 3$ $3 \cdot \frac{1}{3}x - 3 \cdot \frac{1}{2} = 3 \cdot 1$ $x - \frac{3}{2} = 3 \quad \mid + \frac{3}{2}$ $x = 3 + \frac{3}{2}$ $x = \frac{9}{2}$

Die Reihenfolge der Umformungen hat dabei keinen Einfluss auf die Lösung.

3. Variable auf beiden Seiten der Gleichung

Beispiel 1	Probe zu Beispiel 1	Beispiel 2	Probe zu Beispiel 2
$5x-20=2x+10$ Lösung: $5x-20=2x+10 \quad \mid +20$ $5x-20+20=2x+10+20$ $5x=2x+30 \quad \mid -2x$ $5x-2x=2x+30-2x$ $3x=2x-2x+30$ $3x=30 \quad \mid :3$ $\frac{3x}{3}=\frac{30}{3}$ $x=10$	$5x-20=2x+10$ Probe für $x=10$: $5\cdot 10-20=2\cdot 10+10$ $50-20=20+10$ $30=30$	$\frac{2}{5}x-1=\frac{1}{2}x+\frac{1}{2}$ Lösung: $\frac{2}{5}x-1=\frac{1}{2}x+\frac{1}{2} \quad \mid +1$ $\frac{2}{5}x-1+1=\frac{1}{2}x+\frac{1}{2}+1$ $\frac{2}{5}x=\frac{1}{2}x+\frac{3}{2} \quad \mid -\frac{1}{2}x$ $\frac{2}{5}x-\frac{1}{2}x=\frac{1}{2}x+\frac{3}{2}-\frac{1}{2}x$ $\frac{2}{5}x-\frac{1}{2}x=\frac{1}{2}x-\frac{1}{2}x+\frac{3}{2}$ $\frac{4}{10}x-\frac{5}{10}x=\frac{3}{2}$ $-\frac{1}{10}x=\frac{3}{2} \quad \mid \cdot(-10)$ $x=-\frac{30}{2}$ $x=-15$	$\frac{2}{5}x-1=\frac{1}{2}x+\frac{1}{2}$ Probe für $x=-15$: $\frac{2}{5}\cdot(-15)-1=\frac{1}{2}\cdot(-15)+\frac{1}{2}$ $-\frac{30}{3}-1=-\frac{15}{2}+\frac{1}{2}$ $-6-1=-\frac{14}{2}$ $-7=-7$

Beachte:
Bei schwierigen Gleichungen überprüft man das Ergebnis wie in den obigen Beispielen anhand einer schriftlichen Probe.

4. Auflösen von Klammern in einer Gleichung

Beispiel 1	Beispiel 2	Beispiel 3	Beispiel 4
$2(x-3)=x+1$ Lösung: $2x-6=x+1 \quad \mid +6$ $2x-6+6=x+1+6$ $2x=x+7 \quad \mid -x$ $2x-x=x+7-x$ $x=x-x+7$ $x=7$	$20-2(10-x)=3x-5$ Lösung: $20-(20-2x)=3x-5$ $20-20+2x=3x-5$ $2x=3x-5 \quad \mid -3x$ $2x-3x=-5$ $-x=-5 \quad \mid \cdot(-1)$ $x=5$	$x-[9-(4-2x)]=0$ Lösung: $x-[9-(4-2x)]=0$ $x-[9-4+2x]=0$ $x-[5+2x]=0$ $x-5-2x=0$ $-5+x-2x=0$ $-5-x=0 \quad \mid +5$ $5-5-x=5$ $-x=5 \mid \cdot(-1)$ $x=-5$	$3[10-2(x-1)]=3x$ Lösung: $3[10-2(x-1)]=3x \quad \mid :3$ $[10-2(x-1)]=x$ $10-2x+2=x$ $12-2x=x \quad \mid +2x$ $12=x+2x$ $12=3x \quad \mid :3$ $\frac{12}{3}=x$ $x=4$

Beachte:
Die Proben zu den o.g. Beispielen können selbst durchgeführt werden.

5. Multiplikation von Summen in einer Gleichung

Beispiel 1	Beispiel 2
$(x+1)(x-2)=x^2-2x+1$ $(x+1)(x-2)=x^2-2x+1$ $x^2-2x+x-2=x^2-2x+1 \quad \mid -x^2$ $x^2-x-2-x^2=x^2-2x+1-x^2$ $-x-2=-2x+1 \quad \mid +2x$ $-x+2x-2=1$ $x-2=1 \quad \mid +2$ $x=3$	$8-(x-2)(3-x)=(x+2)^2-6$ Lösung: $8-(x-2)(3-x)=(x+2)^2-6$ $8-[(x-2)(3-x)]=(x+2)^2-6$ $8-[3x-x^2-6+2x]=x^2+4x+4-6$ $8-[5x-x^2-6]=x^2+4x-2$ $8-5x+x^2+6=x^2+4x-2$ $x^2-5x+14=x^2+4x-2 \quad \mid -x^2$ $-5x+14=4x-2 \quad \mid +5x$ $14=9x-2 \quad \mid +2$ $16=9x \quad \mid :9$ $x=\frac{16}{9}$

AUFGABEN ÄQUIVALENTE GLEICHUNGEN

1. Löse die Gleichungen und mache die Probe.

a) $x + 12 = 16$
b) $21 - x = 14$
c) $a - 13 = 17$
d) $5 + x = 32$

e) $31 - m = 13$
f) $p - 12 = 76$
g) $4x = 28$
h) $\frac{1}{3}y = 11$

i) $\frac{4}{3}x = 20$
j) $\frac{5a}{7} = 15$
k) $\frac{b}{8} = -4$
l) $\frac{m}{-13} = 13$

m) $\frac{x}{2} = \frac{36}{3}$
n) $\frac{r}{9} = \frac{-1}{153}$
o) $\frac{2x}{3} = \frac{1}{2}$
p) $\frac{x}{15} = \frac{3}{25}$

2. Löse die Gleichungen und mache die Probe.

a) $3x + 7 = 22$
b) $7x - 12 = 30$
c) $85 - 15x = 40$
d) $7 - 4x = 55$
e) $12 - x = 13$

f) $6x + 1 = 10$
g) $-3x + 29 = 8$
h) $12x - 10 = -24$
i) $3x - 8 = -23$
j) $-2x + 4 = 0$

k) $-22x - 44 = 154$
l) $33 - x = 32$
m) $0{,}5x + 3{,}5 = 4$
n) $7x + 43 = 39{,}5$
o) $1{,}5x - 12{,}7 = -5{,}2$

p) $\frac{x}{3} + 12 = 16$
q) $\frac{3x}{7} - 24 = 57$
r) $\frac{1}{4}x + \frac{3}{5} = 1$
s) $\frac{11}{12}x - 1\frac{1}{7} = 2$
t) $20 - \frac{2}{3}x = 14$

3. Fasse zusammen, löse die Gleichungen und mache die Probe.

a) $3x + 5 = 4x + 1$
b) $5x - 8 = 4x - 1$
c) $8x - 6 = 15x + 8$
d) $9x + 2 = -2x - 31$

e) $3x + 35 = -4x - 14$
f) $5x + 9 = 15x - 11$
g) $-2x - 15 = 7x + 40$
h) $4x + 2{,}5 = -9x - 4$

i) $5{,}5x - 7 = 6{,}5 - 3{,}5x$
j) $12{,}25x - 24 = -9{,}75x - 288$
k) $13{,}1x - 22{,}6 = 28{,}2 - 12{,}3x$
l) $14{,}6x - 17{,}3 = 67{,}7 - 2{,}4x$

4. Fasse zusammen, löse die Gleichungen und mache die Probe.

a) $\frac{1}{5}x + 1 = 9 - \frac{1}{3}x$
b) $\frac{1}{2}x - 1 = -\frac{1}{3}x - 2\frac{2}{3}$
c) $\frac{1}{4}x - 16 = -\frac{1}{3}x - 2$
d) $\frac{x}{7} - 11 = 19 - \frac{1}{3}x$

e) $\frac{4}{9}x - 1\frac{2}{5} = \frac{2}{3}x - \frac{2}{5}$
f) $21x - 28 - 5x = 32 - 4x$
g) $-12x - 332 - 3x = 20x + 68 - 10x$
h) $3x - 40 + 4x = -6x + 170 - 17x$

i) $3x - 38 + 19x = 4x - 11 - 9x$
j) $12x - 9{,}6 - 2x = 13x + 7{,}4 + 14x$
k) $2x + 1 - 3x = -5x + 20 + 3x$
l) $\frac{1}{2}x + \frac{3}{2} - x = \frac{1}{2}(11x - 3)$

5. Löse die Klammern auf und bestimme x.

Beispiel:
$$\begin{aligned} 4x - (11 - 3x) &= 3x + 9 \\ 4x - 11 + 3x &= 3x + 9 \\ 7x - 3x &= 9 + 11 \\ 4x &= 20 \\ x &= 5 \end{aligned}$$

a) $36 - (7x + 8) = 6x + 2$
b) $7x - (16 - 3x) = 9x - 13$
c) $54 - (7 - 5x) = 8x + 8$
d) $-(11x - 25) - 4 = 9x + 1$

e) $(x + 55) - 30 = 7x - 5$
f) $75 - 6x = (22 - 2x) + 23$
g) $12x + 27 = 11 + (187 - 7x)$
h) $3x - (36 + 4x) = 28 - 2x$

i) $11 + 5x = 3x - (10 - 5x)$
j) $127 + 3x = 38 - (16 + 32x)$
k) $22{,}5 - 9x = 17{,}5 - (10x - 7{,}5)$
l) $35x + 410 = 110 - (12x - 18)$

6. Löse die Klammern auf und bestimme x.

a) $12x + 3(x + 19) = 40x + 7$
b) $23x - (5x + 10) = 15x + 2$
c) $4x - 2 - (10 - 5x) - 2x = 3x$
d) $254 - 10x = 10(x + 5) + 4$

e) $2(194 - 6x) = 100(3 - x)$
f) $13x - (22 - 5x) = 4(3x + 5)$
g) $33x = 4(45 + 2x) + 10x$
h) $88x + 36 = 3(30x + 8)$

i) $15x - (22 - 7x) + 9 = 194 - x$
j) $69x + 83 = 554 + 2(221 - 7x)$
k) $135 - 3x = 10x + 10(2 + x)$
l) $210 - (18x - 4) = 5(x + 5) + 5$

7. Löse die Klammern auf und bestimme x.

a) $12x - (4 - 3x) = 7x - (6 - 2x) + 26$
b) $(5x + 3) - 13 = 10x - (27 + 4x) + 7$
c) $54 - (18 - 4x) = 36 - (2x - 15)$
d) $(20x - 15) - (6x + 13) = (9x + 37) - (5x - 5)$
e) $18x + 31 - (11x + 11) = (6x - 4) - (8 - 5x)$
f) $9x - 20 - (61 - 13x) = 17x + 57 - (14x - 71)$
g) $3(x + 1) + x + 5 = -(x - 10) + 2x + 4$
h) $2x + 3(2x + 5) - 2 = 3(-3 + x) - 8 + 2x$
i) $8(x - 6) + 24x + 4 = 2(4x + 15) - 4x + 24$
j) $30x - 13 - 2(17 - 3x) = 2(4{,}5x - 26) + 21x - 3)$
k) $7(16x - 25) - 6(7x + 5) = 27x + 22 - 4(x - 2)$
l) $5(13 - 31x) - 3(40x + 100) = 1 - 9x + 2(17 + 2x)$
m) $18(2x + 12) + 12(6 - 7x) = 10(44 - 2x) - 7(x + 13) + 2$
n) $\frac{1}{2}(57{,}5 + 3x) + \frac{1}{3}(160{,}5 - 23x)$
$= \frac{1}{2}(289 + 2x) - \frac{1}{4}(75{,}5 - x) + 2x - 1$
o) $(2x + 1) - 3[\frac{1}{2}(x + 2) + x] + \frac{1}{3}(12 - x) = -\frac{1}{2}(x - 4) + 4 + \frac{5}{3}x$
p) $4x + 0{,}5[(x + \frac{1}{2}) - (1 - x)] + \frac{5}{2} = \frac{1}{2} + 2x + \frac{5}{2}(x + 1)$

8. Löse die Klammern auf und bestimme x.

Beispiel:
$$\begin{aligned} (x-2)(x-1) + 2x^2 &= (3x-1)(x+1) - 12 \\ x^2 - x - 2x + 2 + 2x^2 &= 3x^2 + 3x - x - 1 - 12 \\ 3x^2 - 3x + 2 &= 3x^2 + 2x - 13 \\ -5x &= -15 \\ x &= 3 \end{aligned}$$

a) $(6x - 4)(x + 2) = 2(11x - 19) + 2(3x^2 - 13)$
b) $(x + 3)(8x - 6) = 2(x + 8)(4x + 2) - 150$
c) $4x^2 - 93 - (1 - 9x) - (3 - 8x) = 2(2x + 1)(x - 1)$
d) $45 + (x - 3)(x + 1) = 3(x - 4)(x + 2) - 2(x - 3)(x - 5)$
e) $5(2x - 3)(10 - x) - 2(x + 2)(x - 1) - 72$
$= 3(2 + x) + 7(2x + 4) - 12x^2 + 36$
f) $2x + 4x(2x - 10) + 6(x - 3) = 2(x - 2)(4x - 11) - 20$
g) $-(-x^2 + 3x - 1) + (x^2 + x + 2) = 3(x + 1) + 2x^2 - 6x + 4$
h) $x(x + 3) + 2(x + 1) + x^2 = 4x + 2[x(x + 1)] - 1$
i) $(2x + 1)(1 - x) + (\frac{1}{2}x - 1) + 5x^2$
$= (x + 1)(3x - 2) + \frac{3}{2}x - 1$
j) $\frac{1}{2}[x - 2 + x(1 + 2x)] + (x + 2)(x + 1)$
$= 2x^2 + 3(x + 1) + \frac{1}{2}(x + 1)$
k) $10(3x + 4)(x - 8) + 9x - 98$
$= 2(5x - 40)(3x - 7) + 10x + 3$
l) $(x - 3)(2x - 6) + x^2 = (7 - x)(19 - 2x) + 7(28 - 3x) + x^2 - 59$
m) $(5 - 2x)(15 - 5x) + 4(7x + 6) + 2x + 6$
$= 2x(5x + 5) + 20x - 5$
n) $(4x + 1)(2x - 1) - (2x + 1)(3x - 2)$
$= 2(4 - x)(5 - x) + 3(x + 1)$
o) $2(5x - 4)(7 - 5x) + (7x - 6)(2x + 2) - 3x^2$
$= (9 - x)(2 - x) - 40x^2 + 37$
p) $3(2x - 18)(1 - x) - 2(12 - 2x)(x - 8) + x^2 - 1$
$= (12 - x)(x - 7) + 2(2x + 4) + 4$

9. Löse die Klammern mit Hilfe der binomischen Formeln auf und bestimme x. Mache die Probe.

Beispiel:
$$\begin{aligned} 2x + (x+5)^2 - 1 &= (x+4)^2 + 8x \\ 2x + x^2 + 10x + 25 - 1 &= x^2 + 8x + 16 + 8x \\ 12x + 24 &= 16x + 16 \\ 8 &= 4x \\ x &= 2 \end{aligned}$$

Probe:
$$\begin{aligned} 2 \cdot 2 + (2+5)^2 - 1 &= (2+4)^2 + 8 \cdot 2 \\ 4 + 7^2 - 1 &= 6^2 + 16 \\ 4 + 49 - 1 &= 36 + 16 \\ 52 &= 52 \end{aligned}$$

a) $(x + 1)^2 + x = (x + 2)^2 - 6$
b) $(10 - x)^2 - 8 = (9 - x)^2 + 7$
c) $4(x + 7) + (x - 3)^2 = (x + 2)^2 - 2x + 1$
d) $2x + (9 - x)^2 - 1 = (12 - x)^2 - 2x - 4$
e) $(2x - 5)^2 - (x - 1)^2 + 11 = 3(x - 2)^2 - x - 2$
f) $(15 - 3x)^2 + 2(2x + 3) + 2x + 1 = 9(6 - x)^2 + 4$
g) $3(x - 1) + (x + 1)(x - 1) + 1 = (x + 1)^2 - 2$
h) $(x + 1)^2 + 2(x - 3) = (x + 1)(x - 1) + 2(x + 2) - 6$
i) $16x + (x - 1)^2 + (10 - 2x)^2 + 1$
$= (x - 2)^2 + 2(x - 4)^2 + 2x^2$
j) $(x + 2)^2 - 3(3x - 7) + x = (18 - x)^2 - 2(x - 1) + 5$
k) $(x + 4)(x - 4) + (x - 4)^2$
$= (x - 5)(x + 5) - 2(2x - 6) + x^2 - 15$
l) $(8 - 3x)^2 - (3x + 2)^2 + 6(2x + 5) + 5x$
$= 2(5x + 3) + 2(x + 3) - 15x - 2$
m) $5(3x + 10) - (5 + 4x)(5 - 4x) - (2x + 3)(8x - 2) + 20$
$= (x + 1)^2 - x^2 - 2x$
n) $(12 - 8x)(2x + 8) + 4(2x + 3)^2 - 8(x + 9)$
$= 10(3 - x)(3 + x) - 5(2x + 1) + 10x^2 - 15$

10. Lineare Gleichungen mit Formvariablen. Berechne x.

Beispiel: $7x - a = 3x + b$

$$4x = b + a$$

$$x = \frac{a+b}{4}$$

a) $3x + 7 = 6a + 7$
b) $6x - 2a = 2x + 2a + 4b$
c) $4c + 5x + d = 12x - 3c - 6d$
d) $8m - 3n + 4x = 12m - 2n + 2x$
e) $3m + nx = mx + 3n$
f) $xa + 5b = 5a + xb$
g) $10m - 3nx = 2mx - 15n$
h) $2ax + 3bc = 2ac + 3bx$
i) $12nx = 60 - 20x + 36n$
j) $4ux - 6av = 3vx - 8au$
k) $12n - 4mx = 8m - 6nx$
l) $35bx + 45a = 105b + 15ax$
m) $36b - 12ax = 48a - 9bx$
n) $2au + 4ux = 4av + 8vx$
o) $15ln - 5nx = 6lm - 2mx$
p) $15ac + bx = 10bc + 1{,}5ax$
q) $21rx - st = 3sx - 7rt$
r) $21vw - 7ux = 14uw - 10{,}5vx$

11. Löse die Klammern auf und bestimme x.

a) $8(x-3) = 2a(3-x)$
b) $12(mx + 1{,}5) = 6(6m + x)$
c) $(u+v)x = (u-v)x + 4v$
d) $3a(9-3x) - 6 = 6b(3-x) - 2x$
e) $20u(5-x) - x(4-15v) = 5(15v-4)$
f) $x(a-b+11) = a(a+8) - a(b-3)$
g) $5(x-2u) = 2(x-u)$
h) $2x(3a+b) - 3x = 4(9a+3b) - 24 + x$
i) $4x(7m-n) + 6x - 4 = 2(7m-n) + 3 - 8x$
j) $(2u+3v)x - (2u-3v)x - 3vx = 3(u+w)$
k) $4(x-n) = 2(n-m)$
l) $3x(m^2 - 2n^2) + 2m^2(2x-7) = n^2(x-14)$
m) $2a(x-a) - b(2a+3) = 3(a-x)$
n) $2u(x+2) + v(2x+1) = u(2u+4) - v(2v+1)$
o) $a(6x+b) - 3b(x-b) = a(12a+b)$
p) $2(4m-n) + m(x-m) = -2(n-4m) - 2n(x+2n)$
q) $(2x-a)^2 + 4a^2 + 2x = a(a+2) + (2x)^2$
r) $4x + (5x-8b)^2 + 100b = 4b(b+2) + (5x)^2$

Stelle Gleichungen auf und löse sie.

Beispiel: Wenn man das Dreifache einer Zahl zu 255 addiert, erhält man 318. Wie heißt die Zahl?

$$255 + 3 \cdot x = 318$$
$$3 \cdot x = 318 - 255$$
$$x = \frac{63}{3}$$
$$x = 21$$

Probe: $255 + 3 \cdot 21 = 318$
$255 + 63 = 318$
$318 = 318$

Die Zahl heißt 21.

12. Welche Zahl muss zu 322 addiert werden, um 410 zu erhalten?

13. Welche Zahl muss von 588 subtrahiert werden, damit die Differenz 371 ist?

14. Das 3fache einer Zahl vermehrt um 6 ist gleich dem 4fachen dieser Zahl vermindert um 5. Wie heißt diese Zahl?

15. Multipliziert man eine Zahl mit 7 und subtrahiert von dem Produkt 14, so erhält man das 5fache der Zahl vermehrt um 4. Bestimme die Zahl.

16. Die Summe aus dem 3fachen einer Zahl vermehrt um 8 ist gleich dem 5fachen dieser Zahl vermindert um 2. Welche Zahl erfüllt diese Bedingung?

17. Um 25 zu erhalten, muss man von 108 die Summe aus 27 und einer unbekannten Zahl subtrahieren. Wie heißt die unbekannte Zahl?

18. Das 4fache einer um 5 vermehrten Zahl vermindert um 3, ist gleich dem 8fachen dieser Zahl vermehrt um 5. Welches ist die Zahl?

19. Das 5fache einer um 3 verminderten Zahl addiert zu 15 ist gleich dem 10fachen dieser um 6 verminderten Zahl addiert zu 10. Wie heißt die Zahl?

20. Subtrahiert man von 200 die Differenz aus einer unbekannten Zahl und 20, so erhält man 320 vermindert um die Summe aus dem 2fachen der Zahl und 50. Bestimme die Zahl.

21. Multipliziert man eine um 11 vermehrte Zahl mit 7 und subtrahiert von dem Produkt 23, so erhält man das um 7 verminderte 11fache der um 3 vermehrten Zahl. Wie heißt die Zahl?

22. Die erste Ziffer einer zweistelligen Zahl ist 2. Vertauscht man die Ziffern, so erhält man das 1,75fache der Zahl. Welche Zahl ist gemeint?

23. Vertauscht man die Ziffern einer zweistelligen Zahl, deren zweite Ziffer 1 ist, so erhält man $\frac{5}{17}$ der ursprünglichen Zahl. Wie lautet diese Zahl?

24. Die Quersumme einer zweistelligen Zahl ist 7. Vertauscht man die Ziffern dieser Zahl, so erhält man eine um 9 kleinere Zahl. Wie heißt diese Zahl?

25. Die Quersumme einer zweistelligen Zahl ist 9. Vertauscht man die Ziffern, so erhält man eine um 45 kleinere Zahl. Wie heißt die erste Zahl?

26. Vertauscht man die Ziffern einer zweistelligen Zahl, deren Quersumme 12 ist, so erhält man eine um 54 kleinere Zahl. Bestimme die Zahl.

27. Subtrahiert man 36 von einer zweistelligen Zahl, deren Quersumme 8 ist, so erhält man eine Zahl mit gleicher Quersumme, aber umgekehrter Ziffernfolge. Wie heißt die Zahl?

28. Addiert man 54 zu einer zweistelligen Zahl, deren Quersumme 8 ist, so erhält man eine Zahl mit gleicher Quersumme, aber umgekehrter Ziffernfolge. Wie heißt die Zahl?

29. Multipliziert man eine zweistellige Zahl, deren Quersumme 9 ist, mit 1,2, so erhält man eine Zahl mit gleicher Quersumme und umgekehrter Ziffernfolge. Bestimme die zweistellige Zahl.

30. Eine zweistellige Zahl hat die Quersumme 5. Multipliziert man sie mit 0,71875, so erhält man eine Zahl mit gleicher Quersumme, aber umgekehrter Ziffernfolge. Wie heißt die Zahl?

31. Multipliziert man eine zweistellige Zahl, deren Quersumme 12 ist, mit 2 und dividiert das Produkt durch 1,75, so erhält man eine um 48 größere Zahl mit umgekehrter Ziffernfolge. Bestimme die Zahl.

32. Multipliziert man eine um 7 vermehrte Zahl mit 5, addiert zu dem Produkt 15 und dividiert die Summe durch 35, so erhält man die gesuchte Zahl dividiert durch 2. Wie heißt die Zahl?

33. Der Quotient aus dem 4fachen einer unbekannten Zahl vermindert um 8, und 4, ist gleich dem Quotienten aus dem 2fachen der unbekannten Zahl vermehrt um 1, und 3. Wie heißt die unbekannte Zahl?

34. Multipliziert man die Differenz aus dem 2fachen einer gesuchten Zahl und 4 mit 5, und dividiert das Produkt durch 8, so erhält man die gesuchte Zahl. Welches ist die gesuchte Zahl?

35. Addiert man 8 zum 7fachen einer um 1 verminderten Zahl, so erhält man das 8fache dieser Zahl vermindert um 6.

36. Subtrahiert man vom 5fachen einer um 3 vermehrten Zahl 5, so erhält man das 6fache der Zahl vermindert um 2.

37. Subtrahiert man vom 11fachen einer um 6 vergrößerten Zahl 10 und dividiert diese Differenz durch 5, so entspricht das Ergebnis dem 7fachen dieser Zahl, verkleinert um 8.

38. Addiert man zu einer Zahl 5, multipliziert die Summe mit 9 und addiert zu dem Produkt das 3fache der Zahl, so erhält man das 14fache der Zahl vermehrt um 5.

39. Ein 34-jähriger Vater hat einen Sohn im Alter von 10 Jahren. Vor wie viel Jahren war der Vater 5-mal so alt wie der Sohn?

40. Zwei Schwestern sind zusammen 54 Jahre alt. Die ältere Schwester ist heute 5-mal so alt, wie die jüngere vor 18 Jahren war. Wie alt sind die Schwestern?

41. Von zwei Brüdern ist der eine 6 Jahre älter als der andere. Vor zwei Jahren war er genau doppelt so alt wie sein jüngerer Bruder. Wie alt sind die Brüder heute?

42. Der Umfang eines rechteckigen Grundstückes beträgt 72 m. Seine Länge ist 3-mal so groß wie die Breite. Bestimme Länge, Breite und Grundstücksgröße.

43. Von einem rechteckigen Grundstück ist die Länge 9 m größer als die Breite. Der Umfang beträgt 118 m. Bestimme die Seitenlängen und die Grundstücksgröße.

44. Die Breite eines Lüftungsschlitzes in einem Gebäude ist 3 cm länger als seine doppelte Höhe. Sein Umfang beträgt 96 cm. Welche Maße haben Breite und Höhe?

45. Die Seiten eines rechteckigen Grundstückes verhalten sich wie 1 : 4. Sein Umfang beträgt 150 m. Berechne die Seiten und den Flächeninhalt.

46. Ein trapezförmiges Baugrundstück hat eine Fläche von 624 m^2. Die parallelen Seiten sind 21 m und 18 m lang. Ermittle die Höhe des Trapezes.

47. Ein Trapez mit einer Fläche von 196 cm^2 und einer Höhe von 14 cm hat eine Grundseite von 16 cm. Wie groß ist die zu dieser Seite parallele Seite?

48. Bei einem Rechteck ist die eine Seite 4-mal so lang wie die andere. Vergrößert man die kurze Seite um 2 cm, so vergrößert sich die Fläche um 64 cm^2. Wie lang sind die Seiten?

49. In einem Reihenhaus war eine Treppe mit 13 Steigungen zu je 21 cm Höhe geplant. Eingebaut wurde eine Treppe mit 14 Steigungen. Wie viel cm beträgt die Höhe einer Steigung dieser Treppe?

50. Die parallelen Seiten eines Trapezes verhalten sich wie 4 : 5. Die Höhe beträgt 24 cm und die Fläche 432 cm^2. Berechne die Längen der parallelen Seiten.

51. Ein dreieckiger Durchbruch soll eine Fläche von 2420 cm^2 und eine Höhe von 44 cm haben. Wie groß muss die Grundlinie sein?

52. Der Umfang eines Dreiecks beträgt 58 cm. Die zweite Seite ist 4 cm kürzer als die erste, die dritte 6 cm länger als die zweite. Wie lang sind die drei Seiten?

53. Das Gefälle zwischen zwei Punkten *A* und *B* beträgt 2,5 %. Wie groß ist der Höhenunterschied zwischen beiden Punkten, wenn ihre waagerechte Entfernung 9,6 m beträgt?

54. Eine Straße fällt auf 1,5 km um 75 m. Wie viel Prozent beträgt ihr Gefälle?

55. Der Boden einer Waschküche soll ein Gefälle von 3 % erhalten. Um wie viel cm fällt der Boden auf 3 m ab?

56. Eine Straße hat eine Steigung von 1 : 40. Welche Höhe hat sie nach 2,4 km überwunden?

57. Die beiden Arme eines Hebels sind 1,5 m und 1,2 m lang. Welche Kraft muss am Endpunkt des längeren Hebels wirken, wenn am Endpunkt des kürzeren Hebels eine Kraft von 7,5 kN wirkt und der Hebel im Gleichgewicht sein soll?

58. An einem zweiseitigen Hebel wirkt auf einen Arm eine Kraft von 800 N im Abstand von 0,75 m vom Drehpunkt. Wie weit vom Drehpunkt müsste eine Kraft von 600 N wirken, um das Gleichgewicht herzustellen?

59. Zwei Pkw fahren von zwei Orten, deren Entfernung 650 km beträgt, mit konstanter Geschwindigkeit einander entgegen. Der eine fährt 120 $\frac{km}{h}$, der andere 140 $\frac{km}{h}$. Nach welcher Zeit begegnen sie sich?

DEFINITIONEN UND RECHENREGELN QUADRATWURZELN – REELLE ZAHLEN

Definition:
Eine positive Zahl q heißt **Quadratwurzel** einer anderen Zahl p, wenn gilt:
$q \cdot q = q^2 = p$

Man schreibt: $\sqrt{p} = q$

Mit anderen Worten gilt dann:
$\sqrt{p}$ ist die Zahl, die mit sich selbst multipliziert p ergibt.
$\sqrt{p} \cdot \sqrt{p} = (\sqrt{p})^2 = p$

p heißt der **Radikant** der Wurzel und $q = \sqrt{p}$ heißt **Wert der Wurzel**.

Beachte:
Mit $q^2 = p$ gilt auch $(-q)^2 = p$.
Um die Eindeutigkeit der Quadratwurzel zu garantieren, wird daher die Quadratwurzel einer positiven Zahl immer positiv definiert.

Eigenschaften der Quadratwurzel:

Es gibt Quadratwurzeln, die keine rationale Zahlen sind. ····►

$\sqrt{2}$, $\sqrt{3}$ oder $\sqrt{5}$

Es dürfen nur Quadratwurzeln von positiven Zahlen gezogen werden. ····►

Würde z.B. der Wert für $\sqrt{-p}$ existieren, z.B. $a = \sqrt{-2}$, so müsste nach obiger Definition $a \cdot a = a^2 = -2$ sein. Wäre a positiv, dann wäre auch a^2 positiv; wäre a negativ, so wäre a^2 ebenfalls positiv, da das Produkt zweier negativer Zahlen positiv ist. Beides steht aber im Widerspruch zu der Tatsache, dass -2 eine negative Zahl ist.

Für die 0 gilt: $0 \cdot 0 = 0$, also $\sqrt{0} = 0$.

Reelle Zahlen:

Zur Erinnerung: Die rationalen Zahlen bestanden aus allen positiven wie negativen Brüchen (eingeschlossen der ganzen bzw. natürlichen Zahlen und der 0). Nun gibt es Zahlen, die nicht als Bruch darstellbar sind. Diese Zahlen nennt man **irrationale Zahlen**. Fasst man die rationalen und irrationalen Zahlen zusammen, so erhält man die **reellen Zahlen**. ····►

$\sqrt{2}$ ist eine irrationale (und damit reelle) Zahl.

Die reellen Zahlen werden mit $\mathbb{R}$ bezeichnet und in der Mengenrelationssschreibweise gilt:

$\mathbb{N}$	$\subset$	$\mathbb{Z}$	$\subset$	$\mathbb{Q}$	$\subset$	$\mathbb{R}$
natürliche		ganze		rationale		reelle Zahlen

Rechenregeln:

Für alle nichtnegativen Zahlen gilt:
$\sqrt{a} \cdot \sqrt{b} = \sqrt{a \cdot b}$

und $\sqrt{a} : \sqrt{b} = \sqrt{a : b}$

bzw. $\dfrac{\sqrt{a}}{\sqrt{b}} = \sqrt{\dfrac{a}{b}}$

Beachte:
Es gibt keine derartige Vereinfachung für die Addition und Subtraktion. ····►

$\sqrt{4} + \sqrt{4} = 2 + 2 = 4 > 2{,}83 \approx \sqrt{8} = \sqrt{4+4}$

Weiterhin gilt für alle nichtnegativen Zahlen:
Ist $a < b$, dann ist auch $\sqrt{a} < \sqrt{b}$.

AUFGABEN QUADRATWURZELN

Berechne folgende Aufgaben möglichst vorteilhaft.

1. a) $\sqrt{16} \cdot \sqrt{9}$ b) $\sqrt{25} \cdot \sqrt{64}$ c) $\sqrt{4} \cdot \sqrt{36}$ d) $\sqrt{49} \cdot \sqrt{144}$ e) $\sqrt{100} \cdot \sqrt{16}$ f) $\sqrt{169} \cdot \sqrt{225}$ g) $\sqrt{121} \cdot \sqrt{361}$ h) $\sqrt{484} \cdot \sqrt{625}$

2. a) $\sqrt{2} \cdot \sqrt{32}$ b) $\sqrt{50} \cdot \sqrt{2}$ c) $\sqrt{3} \cdot \sqrt{12}$ d) $\sqrt{27} \cdot \sqrt{3}$ e) $\sqrt{48} \cdot \sqrt{3}$ f) $\sqrt{6} \cdot \sqrt{54}$ g) $\sqrt{5} \cdot \sqrt{125}$ h) $\sqrt{19} \cdot \sqrt{76}$

3. a) $\sqrt{3} \cdot \sqrt{3} \cdot \sqrt{16}$ b) $\sqrt{2} \cdot \sqrt{8} \cdot \sqrt{36}$ c) $\sqrt{2} \cdot \sqrt{2} \cdot \sqrt{2} \cdot \sqrt{8}$ d) $\sqrt{3} \cdot \sqrt{6} \cdot \sqrt{2} \cdot \sqrt{4}$ e) $\sqrt{6} \cdot \sqrt{32} \cdot \sqrt{3}$ f) $\sqrt{11} \cdot \sqrt{33} \cdot \sqrt{3}$

4. a) $\sqrt{3} \cdot \sqrt{2} \cdot \sqrt{3} \cdot \sqrt{8}$ b) $\sqrt{2} \cdot \sqrt{7} \cdot \sqrt{2} \cdot \sqrt{7}$ c) $\sqrt{2} \cdot \sqrt{5} \cdot \sqrt{10}$ d) $\sqrt{6} \cdot \sqrt{27} \cdot \sqrt{2}$ e) $\sqrt{5} \cdot \sqrt{5} \cdot \sqrt{5} \cdot \sqrt{5}$ f) $\sqrt{6} \cdot \sqrt{3} \cdot \sqrt{2} \cdot \sqrt{8} \cdot \sqrt{2}$

5. a) $\sqrt{18} : \sqrt{2}$ b) $\sqrt{12} : \sqrt{3}$ c) $\sqrt{180} : \sqrt{5}$ d) $\sqrt{32} : \sqrt{0{,}5}$ e) $\sqrt{1575} : \sqrt{7}$ f) $\sqrt{345{,}6} : \sqrt{2{,}4}$ g) $\sqrt{7200} : \sqrt{12{,}5}$ h) $\sqrt{591{,}5} : \sqrt{3{,}5}$

6. a) $3\sqrt{4} + 2\sqrt{4} + 5\sqrt{4}$ b) $2\sqrt{16} + 7\sqrt{16} - 5\sqrt{16}$ c) $9\sqrt{36} - 7\sqrt{36} - \sqrt{36}$ d) $4\sqrt{25} + 8\sqrt{25} - 7\sqrt{25}$ e) $8\sqrt{7} - 3{,}5\sqrt{7} - 4{,}5\sqrt{7}$ f) $5\frac{1}{2}\sqrt{11} + 7{,}5\sqrt{11} - 13\sqrt{11}$

7. a) $(\sqrt{18} - \sqrt{8}) \cdot \sqrt{2}$ b) $(\sqrt{12} - \sqrt{48}) \cdot \sqrt{3}$ c) $(\sqrt{20} + \sqrt{24{,}2}) \cdot \sqrt{5}$ d) $(\sqrt{24{,}5} + \sqrt{40{,}5}) \cdot \sqrt{8}$ e) $(\sqrt{20} - \sqrt{5}) \cdot \sqrt{5}$ f) $(\sqrt{432} - \sqrt{75}) \cdot \sqrt{3}$ g) $(\sqrt{63} + \sqrt{28}) : \sqrt{7}$ h) $(\sqrt{325} - \sqrt{52}) : \sqrt{13}$ i) $(\sqrt{1859} + \sqrt{1331}) : \sqrt{11}$

8. a) $(\sqrt{2} + \sqrt{8})^2$ b) $(\sqrt{3} + \sqrt{12})^2$ c) $(\sqrt{32} - \sqrt{2})^2$ d) $(\sqrt{27} - \sqrt{3})^2$ e) $(\sqrt{14} - \sqrt{7})(\sqrt{14} + \sqrt{7})$ f) $(\sqrt{23} + \sqrt{6})(\sqrt{23} - \sqrt{6})$

Berechne folgende Aufgaben und überprüfe die Ergebnisse mit dem Taschenrechner.

9. a) $\sqrt{2} \cdot \sqrt{2} \cdot \sqrt{72} \cdot \sqrt{2}$ b) $\frac{1}{2}\sqrt{8} \cdot \sqrt{11} \cdot \sqrt{2} \cdot \sqrt{11}$ c) $\sqrt{2} \cdot \sqrt{6} \cdot \sqrt{18} \cdot \sqrt{3} \cdot \sqrt{2}$ d) $2\sqrt{0{,}75} \cdot \sqrt{27} \cdot (\sqrt{3} \cdot \sqrt{3})^2$ e) $\sqrt{320} : \sqrt{5}$ f) $\sqrt{867} : \sqrt{3}$ g) $3\sqrt{192} : \sqrt{3}$ h) $5\sqrt{88{,}2} : \sqrt{5}$ i) $\frac{6\sqrt{12}}{2\sqrt{3}}$

Löse folgende Aufgaben ohne Taschenrechner. Überprüfe die Ergebnisse mit dem Taschenrechner.

10. a) $\frac{7\sqrt{28}}{\sqrt{7}}$ b) $\frac{3\sqrt{3872}}{4\sqrt{2}}$ c) $\frac{27\sqrt{432}}{12\sqrt{3}}$ d) $\frac{3\sqrt{2400}}{5\sqrt{6}}$ e) $\frac{2\sqrt{4802}}{7\sqrt{2}}$ f) $\frac{5\sqrt{28}}{4\sqrt{7}}$ g) $\frac{2\sqrt{2178}}{3\sqrt{32}}$ h) $\frac{\sqrt{48} - \sqrt{12}}{\sqrt{3}}$ i) $\frac{\sqrt{125} - \sqrt{45}}{\sqrt{5}}$ j) $\frac{\sqrt{72} + \sqrt{32}}{2}$ k) $\frac{\sqrt{392} + \sqrt{200}}{\sqrt{8}}$ l) $\frac{\sqrt{396} - \sqrt{99}}{\sqrt{11}}$

11. a) $\frac{\sqrt{500} - \sqrt{180}}{\sqrt{5}}$ b) $\frac{3\sqrt{63} + 3\sqrt{7}}{\sqrt{7}}$ c) $\frac{2\sqrt{288} - 3\sqrt{72}}{2\sqrt{2}}$ d) $\frac{2\sqrt{128}}{\sqrt{2}} - \frac{3\sqrt{27}}{\sqrt{3}}$ e) $\frac{4\sqrt{72}}{\sqrt{2}} - \frac{3\sqrt{8}}{2\sqrt{2}}$ f) $4\sqrt{27} \cdot \sqrt{3} - \frac{4\sqrt{27}}{\sqrt{3}}$

Lineare Funktionen

DEFINITIONEN LINEARE FUNKTIONEN

Zuordnung:
Zu einer Zuordnung gehören **Definitionsbereich**, **Wertebereich** und eine **Zuordnungsvorschrift**. ····►
Dabei werden anhand der Zuordnungsvorschrift den Elementen des Definitionsbereiches Elemente des Wertebereiches zugeordnet.

Definitionsbereich : {0; 1; 2; 3; 4}
Wertebereich : {0; 2; 6; 7; 10}
Zuordnungsvorschrift:

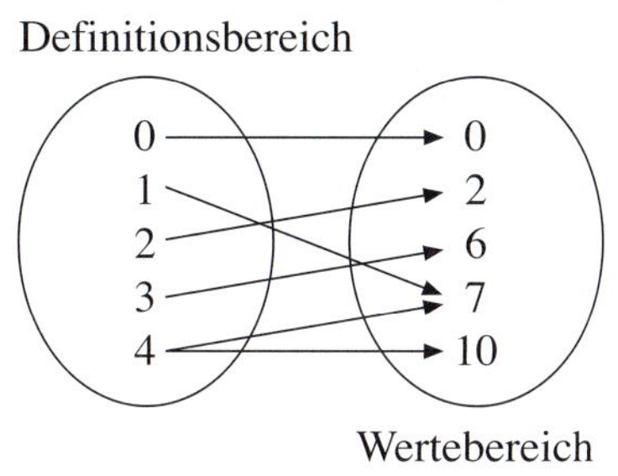

Eindeutigkeit:
Eine Zuordnung ist **eindeutig**, wenn jedem Element des Definitionsbereiches genau ein Element des Wertebereiches zugeordnet wird. ····►

Obiges Beispiel ist nicht eindeutig, da der 4 aus dem Definitionsbereich zwei Elemente des Wertebereiches, nämlich die 7 und die 10 zugeordnet sind. Ordnet man der 4 lediglich und eindeutig die 10 zu (und unterlässt damit die Zuordnung zur 7), dann wird die Zuordnung eindeutig.

Funktion:
- Eine eindeutige Zuordnung nennt man **Funktion**.
- Wird eine Funktion als Diagramm gezeichnet, so ist es üblich, den Definitionsbereich auf der x-Achse und den Wertebereich auf der y-Achse des Koordinatensystems abzutragen.
- Eine Funktion wird üblicherweise mit einem kleinen Buchstaben, z.B. f, abgekürzt. Die Zuordnungsvorschrift erhält man dann über eine **Funktionsgleichung**, in der der Funktionswert $f(x)$ für jedes beliebige x (Element) aus dem Definitionsbereich berechnet werden kann.
- Als Definitionsbereich soll im Folgenden immer die Menge der reellen Zahlen genommen werden.

Funktionsgleichung	x	Funktionswert
$f(x) = 2x + 1$	$x = 2$	$f(2) \;= 5$
$f(x) = 3(1 - x) + x$	$x = 1$	$f(1) \;= 1$
$f(x) = 3(x - 2)^2$	$x = -1$	$f(-1) = 27$
$f(x) = \frac{x}{3} + 5$	$x = 9$	$f(9) \;= 8$
$f(x) = (x + 1)(x - 2)$	$x = 3$	$f(3) \;= 4$

Lineare Funktion:
Eine Funktion der Form:

$$f(x) = ax + b$$

heißt **linear**, wobei a und b beliebige reelle Zahlen sein können. ····►

$f(x) - 2x + 1$
$f(x) = 1 - 3x$
$f(x) = 0{,}75(\frac{x}{3} - \frac{1}{3})$

$f(x) = 2x - 1$	
x	$f(x)$
-3	-7
-2	-5
-1	-3
0	-1
1	1
2	3
3	5

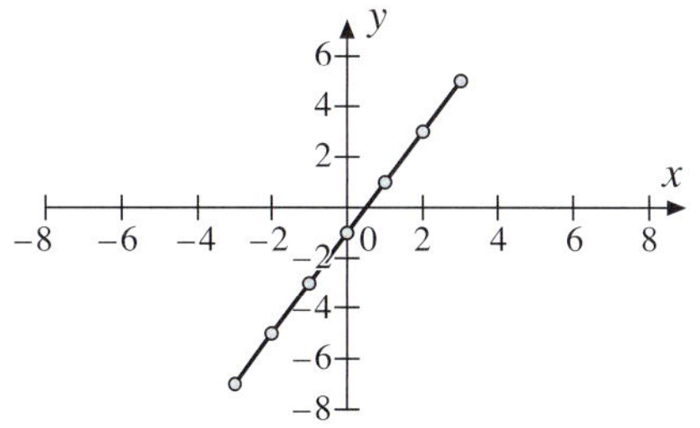

AUFGABEN FUNKTIONEN (ALLGEMEIN)

Berechne die Funktionswerte an der angegebenen Stelle.

1. $f(x) = x + 4$
a) $f(1)$ b) $f(-4)$ c) $f(0)$ d) $f(-22)$ e) $f(15)$ f) $f(-2{,}5)$

2. $f(x) = x - 13$
a) $f(-3)$ b) $f(13)$ c) $f(0)$ d) $f(-7)$ e) $f(12)$ f) $f(14)$

3. $f(x) = 15 - x$
a) $f(3)$ b) $f(-1)$ c) $f(7{,}5)$ d) $f(15)$ e) $f(0)$ f) $f(-15)$

4. $f(x) = -14{,}5 + x$
a) $f(-0{,}5)$ b) $f(0{,}5)$ c) $f(4{,}5)$ d) $f(16)$ e) $f(0)$ f) $f(14{,}5)$

5. $f(x) = -22 - x$
a) $f(1)$ b) $f(-2{,}5)$ c) $f(-22)$ d) $f(22)$ e) $f(-11)$ f) $f(-25)$

6. $f(x) = 7x$
a) $f(1)$ b) $f(0)$ c) $f(-2)$ d) $f(7{,}5)$ e) $f(2{,}3)$ f) $f(-1)$

7. $f(x) = \frac{x}{5}$
a) $f(-25)$ b) $f(0)$ c) $f(1)$ d) $f(10)$ e) $f(14{,}5)$ f) $f(-12)$

8. $f(x) = \frac{x}{4} - 2$
a) $f(16)$ b) $f(-1)$ c) $f(0)$ d) $f(-8)$ e) $f(12{,}4)$ f) $f(8)$

9. $f(x) = 30 - \frac{x}{8}$
a) $f(3{,}2)$ b) $f(0)$ c) $f(8)$ d) $f(64)$ e) $f(-8)$ f) $f(-24)$

10. $f(x) = 15 - 4x$
a) $f(7)$ b) $f(-3)$ c) $f(2{,}5)$ d) $f(3{,}75)$ e) $f(1{,}5)$ f) $f(-1{,}25)$

11. $f(x) = 5(2x - 3)$
a) $f(0)$ b) $f(1{,}5)$ c) $f(2{,}4)$ d) $f(-7)$ e) $f(-2{,}2)$ f) $f(1)$

12. $f(x) = 2(14 - 2x)$
a) $f(1)$ b) $f(7)$ c) $f(0)$ d) $f(-1)$ e) $f(8{,}5)$ f) $f(-3{,}5)$

13. $f(x) = 7x - (3 - 2x)$
a) $f(2)$ b) $f(0)$ c) $f(1{,}5)$ d) $f(-1)$ e) $f(\frac{1}{3})$ f) $f(-4{,}5)$

14. $f(x) = -3(4x - 5)$
a) $f(5)$ b) $f(-1{,}5)$ c) $f(\frac{5}{4})$ d) $f(2)$ e) $f(-0{,}5)$ f) $f(1)$

15. $f(x) = (x + 2)(x + 5)$
a) $f(0)$ b) $f(-2)$ c) $f(5)$ d) $f(-5)$ e) $f(-1)$ f) $f(-3)$

16. $f(x) = (x - 3)(12 - x)$
a) $f(2{,}5)$ b) $f(3)$ c) $f(1)$ d) $f(12)$ e) $f(0)$ f) $f(4)$

17. $f(x) = (x + 3)(x - 2) + 5x$
a) $f(3)$ b) $f(-3)$ c) $f(0)$ d) $f(1)$ e) $f(2)$ f) $f(-1)$

18. $f(x) = x^2 - 4$
a) $f(4)$ b) $f(0)$ c) $f(2)$ d) $f(-2)$ e) $f(1)$ f) $f(-3)$

19. $f(x) = 4x^2 - 2x$
a) $f(7)$ b) $f(1)$ c) $f(\frac{1}{2})$ d) $f(0)$ e) $f(-2)$ f) $f(-\frac{1}{2})$

20. $f(x) = (3x - 5)^2 - x$
a) $f(10)$ b) $f(-3)$ c) $f(5)$ d) $f(-1)$ e) $f(1)$ f) $f(0)$

21. $f(x) = 3(x - 7)^2 + x$
a) $f(7)$ b) $f(0)$ c) $f(-3)$ d) $f(9)$ e) $f(14)$ f) $f(-1)$

22. $f(x) = -(22 - 2x)^2 - 2x$
a) $f(11)$ b) $f(-1)$ c) $f(0)$ d) $f(1)$ e) $f(10)$ f) $f(-4)$

RECHENREGELN LINEARE FUNKTIONEN

Überträgt man eine Funktion in ein Koordinatensystem, so erhält man den **Graphen** einer Funktion. Der Graph besteht aus einzelnen **Punkten $P(x|y)$**. Jeder Punkt $P(x|y)$ besteht aus einer **x-Koordinate** und einer **y-Koordinate**, die eingesetzt in die Funktionsgleichung eine wahre Aussage ergeben, oder – mit anderen Worten – eine Lösung der Funktionsgleichung ergeben. Der Graph einer linearen Funktion ist eine **Gerade**.

$f(x) = 0{,}5x + 3$	
x	$f(x)$
– 2	2
– 1,5	2,25
– 1	2,5
– 0,5	2,75
0	3
0,5	3,25
1	3,5

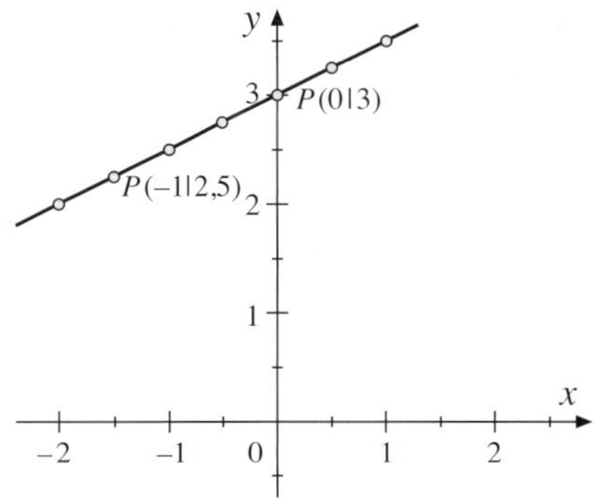

Berechnung der x-Koordinate

Bei vorgegebener y-Koordinate bzw. Funktionswert $f(x)$-Wert berechnet sich das entsprechende x bzw. die x-Koordinate durch äquivalentes Umformen. ····►

$f(x) = 0{,}5x + 3$, dann folgt für $P(x|2)$:

$$2 = 0{,}5x + 3 \quad |-3$$
$$-1 = 0{,}5x \quad |\cdot 2$$
$$x = -2$$

Die der 2 entsprechende x-Koordinate ist – 2. Der Punkt $P(-2|2)$ liegt auf dem Graphen der Funktion.

Berechnung der y-Koordinate

Bei vorgegebenem x-Wert errechnet sich der entsprechende Funktionswert $f(x)$ bzw. die y-Koordinate durch einfaches Einsetzen. ····►

$f(x) = 0{,}5x + 3$, dann folgt für $P(-1|y)$:

$$f(-1) = 0{,}5 \cdot (-1) + 3$$
$$f(-1) = 2{,}5$$

Die der – 1 entsprechende y-Koordinate ist 2,5. Der Punkt $P(-1|2{,}5)$ liegt auf dem Graphen der Funktion.

Schnittpunkt mit der y-Achse

Der Schnittpunkt des Graphen mit der y-Achse hat die x-Koordinate 0. Damit gilt wie oben beschrieben für die y-Koordinate ····►

$f(x) = 0{,}5x + 3$, dann folgt für $P(0|y)$:

$$f(0) = 0{,}5 \cdot 0 + 3$$
$$f(0) = 3$$

Es gilt ganz allgemein:

$f(x) = ax + b$, dann folgt für $P(0|y)$.

$$f(0) = 0 \cdot a + b$$
$$f(0) = b$$

Bei einer linearen Gleichung $f(x) = ax + b$ schneidet der Graph der Funktion die y-Achse im Punkt $P(0|b)$.

Schnittpunkt mit der x-Achse

Der Schnittpunkt des Graphen mit der x-Achse hat die y-Koordinate 0. Damit gilt wie oben beschrieben für die x-Koordinate ····►

$f(x) = 0{,}5x + 3$, dann folgt für $P(x|0)$:

$$0 = 0{,}5x + 3 \quad |-3$$
$$-3 = 0{,}5x \quad |\cdot 2$$
$$x = -6$$

Es gilt ganz allgemein:

$f(x) = ax + b$, dann folgt für $P(x|0)$:

$$0 = ax + b$$
$$-b = ax$$
$$x = -\tfrac{b}{a}$$

Bei einer linearen Gleichung $f(x) = ax + b$ schneidet der Graph der Funktion die x-Achse im Punkt $P(-\frac{b}{a}|0)$.

Steigung einer Geraden

Die Steigung m einer Geraden ergibt sich, wenn man für zwei beliebige Punkte $P(x_1|y_1)$ und $P(x_2|y_2)$, die auf dem Graphen liegen, folgende Gleichung berechnet:

$$m = \frac{y_2 - y_1}{x_2 - x_1}$$

Dabei gilt immer: $x_2 > x_1$ und $f(x_1) = y_1, f(x_2) = y_2$.

Dann ergibt sich allgemein mit $f(x) = ax + b$:
$y_1 = f(x_1) = ax_1 + b$ und $y_2 = f(x_2) = ax_2 + b$, also eingesetzt

$$m = \frac{y_2 - y_1}{x_2 - x_1} = \frac{ax_2 + b - (ax_1 + b)}{x_2 - x_1}$$
$$= \frac{ax_2 + b - ax_1 - b}{x_2 - x_1} = \frac{ax_2 - ax_1}{x_2 - x_1} = \frac{a(x_2 - x_1)}{x_2 - x_1} = a$$

Die Steigung einer Geraden mit Funktionsgleichung $f(x) = ax + b$ ist a.

$f(x) = 2x + 1$	
$a = 2$	
$b = 1$	
x	$f(x)$
– 2	– 3
– 1,5	– 2
– 1	– 1
– 0,5	0
0	1
0,5	2
1	3

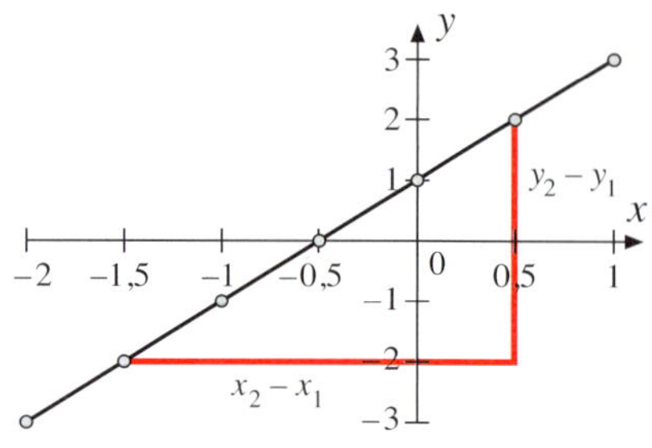

Die Punkte $P(-1{,}5 \mid -2)$ und $P(0{,}5 \mid 2)$ liegen auf dem Graphen. Wähle daher:
$x_1 = -1{,}5$; $f(x_1) = y_1 = -2$
$x_2 = 0{,}5$; $f(x_2) = y_2 = 2$
Dann gilt für die Steigung:

$$m = \frac{y_2 - y_1}{x_2 - x_1} = \frac{2-(-2)}{0{,}5-(-1{,}5)} = \frac{2+2}{0{,}5+1{,}5} = \frac{4}{2} = 2$$

Überprüfe das Ergebnis, indem du die Rechnung für die anderen angegebenen Punkte durchführst.

LÖSUNGSBEISPIEL LINEARE FUNKTIONEN

Es seien zwei Punkte $P_1(-1 \mid 1)$ und $P_2(1 \mid 2)$ gegeben. Gesucht wird die lineare Funktion, deren Graphen die beiden Punkte enthält. Gehe dabei wie folgt vor:

a) Bestimme die Steigung der Geraden.

$$m = \frac{y_2 - y_1}{x_2 - x_1} = \frac{2-1}{1-(-1)} = \frac{1}{1+1} = \frac{1}{2} = 0{,}5$$

b) Bestimme den Schnittpunkt des Graphen mit der y-Achse und stelle die Funktionsgleichung auf. Mache anschließend die Probe, indem du überprüfst, ob der zweite angegebene Punkt ebenfalls die Gleichung löst.

Es gilt allgemein: $f(x) = ax + b$, wobei a der Steigung entspricht und b den Schnittpunkt des Graphen mit der y-Achse angibt. Wir setzen also einen der beiden Punkte und die Steigung in die Gleichung ein und lösen nach b auf:

$2 = 0{,}5 \cdot 1 + b$
$2 - 0{,}5 = b$
$b = 1{,}5$

Probe:
$f(-1) = 0{,}5 \cdot (-1) + 1{,}5$
$f(-1) = -0{,}5 + 1{,}5 = 1$

Schnittpunkt ist $Q(0 \mid 1{,}5)$

Die Geradengleichung lautet also:
$f(x) = 0{,}5x + 1{,}5$

c) Bestimme den Schnittpunkt mit der x-Achse.

$f(x) = 0{,}5x + 1{,}5$
$0 = 0{,}5x + 1{,}5 \quad | -1{,}5$
$-1{,}5 = 0{,}5x \quad | \cdot 2$
$x = -3$
Schnittpunkt ist $S(-3 \mid 0)$

d) Zeichne den Graphen der Funktion in ein Koordinatensystem. Berechne dabei die Funktionswerte für $x = -5$; -4; -3; -2; -1; 0; 1.

$f(x) = 0{,}5x + 1{,}5$	
x	$f(x)$
– 5	– 1
– 4	– 0,5
– 3	0
– 2	0,5
– 1	1
0	1,5
1	2

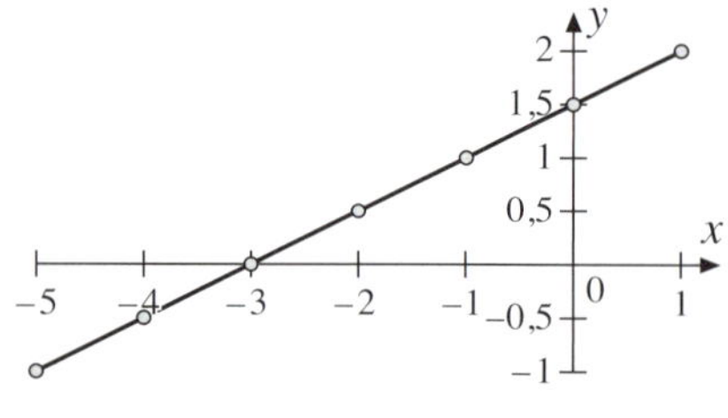

AUFGABEN LINEARE FUNKTIONEN

1. Bestimme die Koordinaten des Schnittpunktes P der Geraden mit der y-Achse.

a) $y = 2x - 3$
b) $y = 3x + 4$
c) $y = -x + 1$
d) $y = -2x - 2$
e) $y = -5 + x$
f) $y = 4x$
g) $y = -\frac{1}{2}x + 8$
h) $y = \frac{3}{4}x - 4$
i) $y = 1 - 0{,}5x$
j) $y = 6 - x$
k) $y = \frac{x}{5}$
l) $y = 9 - \frac{2}{3}x$

2. Forme die Gleichung so um, dass sie die Form $y = ax + b$ hat, und bestimme den Schnittpunkt mit der y-Achse.

a) $2x - y = 6$
b) $3x + y = 9$
c) $y - x = 14$
d) $-6x + 3y = 12$
e) $5x - 4y = 5$
f) $3 + x = 2y$
g) $27x - 9y = 36$
h) $7y + 21x = 14$
i) $4x - 3y = 12$
j) $\frac{1}{3}y + x = 4$
k) $\frac{1}{2}x - \frac{1}{2}y = 8$
l) $\frac{2}{5}y - 6 = 4x + 2$

3. Bestimme den Schnittpunkt der Geraden mit der x-Achse.

a) $y = 3x + 3$
b) $y = 2x - 1$
c) $y = 5x - 2{,}5$
d) $y = 6x - 3$
e) $12 = \frac{1}{4}x - y$
f) $x = \frac{3}{5} - y$
g) $y - \frac{2}{7} = -4x$
h) $3y - 9x = 6$
i) $3y - 12 = x$
j) $x - 2y = 6$
k) $2x - 6y + 3 = 0$
l) $x + 3y - 3 = 0$

4. Welche der folgenden Punkte liegen auf der angegebenen Geraden?

a) $y = 2x - 3$
$P_1(1|-1)$; $P_4(-2|-7)$;
$P_2(3|6)$; $P_5(-4|3)$;
$P_3(2|1)$; $P_6(\frac{1}{2}|-2)$

b) $y = -2x - 4$
$P_1(0|-4)$; $P_4(-3|2)$;
$P_2(3|1)$; $P_5(1|-6)$;
$P_3(2{,}5|-9)$; $P_6(1{,}5|7)$

5. Bestimme die Gleichung der Geraden mit der Steigung m und dem Punkt $P(x|y)$.

a) $m = 2$; $P(1|-1)$
b) $m = 1$; $P(-1|8)$
c) $m = 4$; $P(2|9)$
d) $m = -3$; $P(-3|4)$
e) $m = -6$; $P(0{,}5|0)$
f) $m = -4$; $P(2|-12)$
g) $m = 5$; $P(\frac{1}{2}|2)$
h) $m = 4$; $P(-\frac{1}{2}|-3{,}5)$
i) $m = -0{,}5$; $P(1|0{,}5)$
j) $m = \frac{4}{5}$; $P(5|6)$
k) $m = \frac{1}{2}$; $P(1|3)$
l) $m = -2$; $P(-1|-1)$

6. Gegeben ist die Gerade $y = mx + b$. Bestimme den Steigungsfaktor m so, dass der Punkt $P(x|y)$ auf der Geraden liegt.

a) $y = mx + 2$; $P(1|5)$
b) $y = mx - 1$; $P(2|3)$
c) $y = mx - 4$; $P(-1|-3)$
d) $y = mx + 1$; $P(-2|9)$
e) $y = mx + 3$; $P(4|2)$
b) $y = mx - 2$; $P(1|5)$
g) $y = mx - \frac{1}{2}$; $P(1|0)$
h) $y = mx + 7$; $P(3|6)$
i) $y = mx - 3$; $P(5|-1)$

7. Die Gerade g_2 mit der Steigung $-\frac{1}{m}$ steht senkrecht auf der Geraden $g_1: y = mx + b$. Bestimme die Gerade g_2, die im Punkt $P(x|y)$ senkrecht auf der Geraden g_1 steht.

Beispiel: $g_1: y = 2x + 3$; $P(1|5)$
Der Steigungsfaktor von g_2 ist
$m = -\frac{1}{2}$
Setze die Koordinaten von P in die Geradengleichung ein und bestimme b.
$5 = -\frac{1}{2} \cdot 1 + b$
$b = 5{,}5$
Setze m und b in die Geradengleichung ein.
$g_2: y = -\frac{1}{2}x + 5{,}5$

a) $y = 3x + 2$; $P(2|8)$
b) $y = \frac{1}{2}x + 1$; $P(2|2)$
c) $y = -5x + 6$; $P(-1|11)$
d) $y = \frac{1}{3}x - 9$; $P(12|-5)$
e) $y = 4x + 3$; $P(1|7)$
f) $y = -\frac{2}{3}x + 10$; $P(3|8)$
g) $y = \frac{1}{5}x + 15$; $P(10|17)$
h) $y = 4x - 4$; $P(-1|0)$
i) $y = -\frac{1}{8}x + 12$; $P(16|14)$

8. Von einer Geraden sind zwei Punkte bekannt. Bestimme

- den Steigungsfaktor m,
- den Schnittpunkt der Geraden mit der y-Achse,
- die Geradengleichung,
- den Schnittpunkt der Geraden mit der x-Achse.

Beispiel: $P_1\,(1|1)$; $P_2\,(-1|-7)$

- Berechne die Steigung aus $m = \frac{y_2 - y_1}{x_2 - x_1}$

  $m = \frac{-7-1}{-1-1} = \frac{-8}{-2} = 4$

- Setze m und die Koordinaten von P_1 oder P_2 in die Geradengleichung ein und bestimme b.

  $1 = 4 \cdot 1 + b$
  $b = -3$

- Setze m und b in die Geradengleichung ein.

  $y = 4x - 3$

- Setze den Funktionsterm gleich 0 und bestimme x.

  $4x - 3 = 0$
  $x = \frac{3}{4}$

a) $P_1\,(1|1)$; $P_2\,(-1|-5)$

b) $P_1\,(4|3)$; $P_2\,(3|1)$

c) $P_1\,(-1|-2)$; $P_2\,(-2|-5)$

d) $P_1\,(-2|7)$; $P_2\,(1|-8)$

e) $P_1\,(0|3)$; $P_2\,(1|0)$

f) $P_1\,(-3|10)$; $P_2\,(2|-10)$

g) $P_1\,(\frac{1}{2}|2)$; $P_2\,(\frac{1}{2}|\frac{1}{2})$

h) $P_1\,(0{,}5|0)$; $P_2\,(0|-2)$

i) $P_1\,(2|0)$; $P_2\,(-2|2)$

j) $P_1\,(3|\frac{5}{3})$; $P_2\,(4|2)$

k) $P_1\,(1|3)$; $P_2\,(-2|-6)$

l) $P_1\,(0|1)$; $P_2\,(1|0)$

9. Bestimme die Gerade g, die parallel zur Geraden $y = mx + b$ durch den Punkt $P\,(x|y)$ verläuft.

Beispiel: $y = 2x + 1$; $P\,(1|1)$

Setze die Koordinaten des Punktes P in die Geradengleichung ein und bestimme b.

$1 = 2 \cdot 1 + b$
$1 - 2 = b$
$b = -1$

Damit ergibt sich für die Gerade g:
$y = 2x - 1$

a) $y = 3x - 2$; $P\,(1|0)$

b) $y = x - 4$; $P\,(1|2)$

c) $y = 4x$; $P\,(5|18)$

d) $y = -2x + 1$; $P\,(-1|4)$

e) $y = -6x - 5$; $P\,(-2|9)$

f) $y = \frac{1}{2}x + 4$; $P\,(2|2)$

g) $y = \frac{2}{3}x + 7$; $P\,(3|-1)$

h) $y = -5x + 2$; $P\,(-1|1)$

i) $y = -4\,(x + 2)$; $P\,(-2|0)$

Lineare Gleichungssysteme

DEFINITIONEN LINEARE GLEICHUNGSSYSTEME

Zwei lineare Gleichungen werden als
lineares Gleichungssystem bezeichnet:

I. $y = ax + b$
II. $y = cx + d$
Dabei sind x und y Variable, also unbekannt.

I. $y = 3x + 7$
II. $y = -4x + 0{,}5$

I. $y = 2(x + 1) - 1$
II. $y = -\frac{1}{2}x + 0{,}5$

I. $0 = x + y$
II. $y = 5y - x + 10$

Eine Gleichung heißt auch dann linear, wenn sie in eine äquivalente Gleichung der Form $y = ax + b$ umgeformt werden kann.

$y = 2(x + 1) - 1 \rightarrow y = 2x + 1$ also $a = 2$ und $b = 1$ oder
$0 = x + y \rightarrow y = -x$ also $a = -1$ und $b = 0$

Zusammenhang zwischen linearen Gleichungen und linearen Funktionen:
Eine lineare Gleichung, in der x und y unbekannt sind, kann als lineare Funktion aufgefasst werden. Sie besitzt grundsätzlich, im Gegensatz zu einer linearen Gleichung, in der nur x unbekannt ist, z.B. $3 = 2x - 1$, unendlich viele Lösungen, nämlich genau die Punkte, die auf den Geraden bzw. dem Graphen der Funktion liegen.

Beispiel: $f(x) = 3x - 2$

Auf dem Graphen der Funktion liegen z.B. die Punkte $P(-1 \mid -5)$; $P(0 \mid -2)$ und $P(1 \mid 1)$. Anders ausgedrückt führen die Punkte beim Einsetzen in die Funktionsgleichung zu einer wahren Aussage:

$-5 = 3 \cdot (-1) - 2$
$-2 = 3 \cdot 0 - 2$
$1 = 3 \cdot 1 - 2$

Damit lösen aber $x = -1$ und $y = -5$; $x = 0$ und $y = -2$; $x = 1$ und $y = 1$ die lineare Gleichung $y = 3x - 2$.

Bei einem linearen Gleichungssystem ist nun eine Lösung für x und y gesucht, die beide linearen Gleichungen gleichzeitig löst. Dafür betrachten wir folgendes Beispiel:

I. $y = 0{,}5x + 2$
II. $y = -0{,}5x + 1$

Als erstes wollen wir die Graphen der entsprechenden linearen Funktionen $f(x) = 0{,}5x + 2$ und $g(x) = -0{,}5x + 1$ einzeichnen.

$f(x) = 0{,}5x + 2$ $g(x) = -0{,}5x + 1$		
x	$f(x)$	$g(x)$
−5	−0,5	3,5
−4	0	3
−3	0,5	2,5
−2	1	2
−1	1,5	1,5
0	2	1
1	2,5	0,5

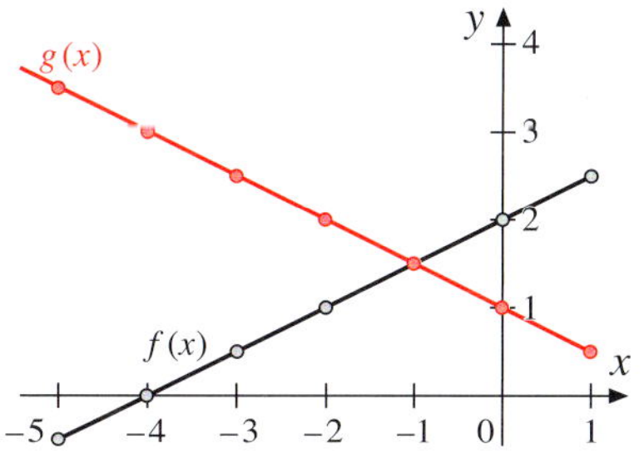

Wir erkennen, daß die beiden Geraden genau einen Schnittpunkt, nämlich $P(-1 \mid 1{,}5)$, besitzen. Da, wie oben festgestellt jede Lösung einer linearen Gleichung auf dem Graph liegt, muss eine Lösung, die beide lineare Gleichungen gleichzeitig löst, auf beiden Graphen gleichzeitig liegen. Diese Bedingung erfüllt offensichtlich genau der Schnittpunkt der beiden Graphen. Dies soll nun überprüft werden.

$x = -1$ und $y = 1{,}5$:
I. $y = 0{,}5x + 2 \rightarrow 1{,}5 = 0{,}5 \cdot (-1) + 2 = -0{,}5 + 2 = 1{,}5$
II. $y = -0{,}5x + 1 \rightarrow 1{,}5 = -0{,}5 \cdot (-1) + 1 = -0{,}5 + 1 = 1{,}5$

Also ist $x = -1$ und $y = 1{,}5$ eine Lösung des linearen Gleichungssystems.

Beachte:
Ist nur eine Koordinate des Schnittpunktes der beiden Graphen in der Graphik ablesbar, so kann durch Einsetzen dieser Koordinate in eine der beiden Gleichungen und entsprechendes Auflösen die andere Koordinate herausgefunden werden.

LÖSUNGSVERFAHREN FÜR LINEARE GLEICHUNGSSYSTEME

Das gemeinsame Prinzip aller 3 Lösungsverfahren für lineare Gleichungssysteme (Gleichsetzungsverfahren, Einsetzungsverfahren, Additions- oder Subtraktionsverfahren) besteht darin, zwei Gleichungen mit zwei Unbekannten in eine Gleichung mit einer Unbekannten umzuwandeln. Diese einfache (lineare) Gleichung kann dann wie bereits bekannt gelöst werden. Durch Einsetzen der Lösung für diese erste Unbekannte in eine der beiden Gleichungen entsteht wieder eine Gleichung mit nur einer Unbekannten, die nach Auflösung das gesuchte Ergebnis für die zweite Unbekannte ergibt.

1. Gleichsetzungsverfahren

1. Beispiel	Lösungsschritte	2. Beispiel
I. $y = 2x - 1$ II. $y - 2 = -x$		I. $3y = 6x - 9$ II. $y + 1 = x + 1$
I. $y = 2x - 1$ II. $y - 2 = -x \quad \mid +2$ $y = -x + 2$	1. Isoliere in **beiden** Gleichungen eine der beiden Variablen, so dass sie allein auf einer Seite der Gleichungen steht.	I. $3y = 6x - 9 \quad \mid :3$ $y = 2x - 3$ II. $y + 1 = x + 1 \quad \mid -1$ $y = x$
$2x - 1 = -x + 2$	2. Setze die Terme gleich.	$2x - 3 = x$
$2x - 1 = -x + 2 \quad \mid +1$ $2x = -x + 3 \quad \mid +x$ $2x + x = 3$ $3x = 3 \quad \mid :3$ $x = 1$	3. Löse nach der verbleibenden Variablen auf.	$2x - 3 = x \quad \mid +3$ $2x = x + 3 \quad \mid -x$ $2x - x = 3$ $x = 3$
I. $y = 2x - 1 \quad \mid x = 1$ $y = 2 \cdot 1 - 1$ $y = 1$	4. Setze die Lösung in eine der beiden Gleichungen ein.	II. $y + 1 = x + 1 \quad \mid x = 3$ $y + 1 = 3 + 1 \quad \mid -1$ $y = 3$
II. $y - 2 = -x \quad \mid x = 1; y = 1$ $1 - 2 = -1$ $-1 = -1$	5. Überprüfe das Ergebnis durch Einsetzen in die andere Gleichung (Probe).	I. $3y = 6x - 9 \quad \mid x = 3; y = 3$ $3 \cdot 3 = 6 \cdot 3 - 9$ $9 = 9$
$x = 1, y = 1$	6. Gib das Ergebnis an, wenn die Probe erfolgreich war.	$x = 3, y = 3$

2. Einsetzungsverfahren

1. Beispiel	Lösungsschritte	2. Beispiel
I. $2y + 1 = 4x - 1$ II. $y - 5 = 0{,}5x$		I. $y + x = 16$ II. $y - x = 3y - 2$
I. $2y + 1 = 4x - 1$ II. $y - 5 = 0{,}5x \quad \mid +5$ $y = 0{,}5x + 5$	1. Isoliere eine der beiden Variablen in **einer** Gleichung, so dass sie allein auf einer Seite der Gleichungen steht.	I. $y + x = 16 \quad \mid -y$ $x = 16 - y$ II. $y - x = 3y - 2$
I. $2y + 1 = 4x - 1 \quad \mid y = 0{,}5x + 5$ $2(0{,}5x + 5) + 1 = 4x - 1$ $x + 11 = 4x - 1$	2. Setze den „isolierten" Term in die andere Gleichung ein.	II. $y - x = 3y - 2 \quad \mid x = 16 - y$ $y - (16 - y) = 3y - 2$ $y - 16 + y = 3y - 2$ $2y - 16 = 3y - 2$

1. Beispiel	Lösungsschritte	2. Beispiel
$x + 11 = 4x - 1 \quad \mid +1$ $x + 12 = 4x \quad \mid -x$ $12 = 3x \quad \mid :3$ $x = 4$	3. Löse nach der verbleibenden Variablen auf.	$2y - 16 = 3y - 2 \quad \mid +2$ $2y - 14 = 3y \quad \mid -2y$ $-14 = y$ $y = -14$
I. $2y + 1 = 4x - 1 \quad \mid x = 4$ $2y + 1 = 4 \cdot 4 - 1$ $2y + 1 = 15 \quad \mid -1$ $2y = 14 \quad \mid :2$ $y = 7$	4. Setze die Lösung in eine der beiden Gleichungen ein, und löse nach der anderen Variablen auf.	I. $y + x = 16 \quad \mid y = -14$ $-14 + x = 16 \quad \mid +14$ $x = 30$
II. $y - 5 = 0{,}5x \quad \mid x = 4;\ y = 7$ $7 - 5 = 0{,}5 \cdot 4$ $2 = 2$	5. Überprüfe das Ergebnis durch Einsetzen in die andere Gleichung (Probe).	II. $y - x = 3y - 2 \quad \mid x = 30;\ y = -14$ $-14 - 30 = 3 \cdot (-14) - 2$ $-44 = -42 - 2$ $-44 = -44$
$x = 4;\ y = 7$	6. Gib das Ergebnis an, wenn die Probe erfolgreich war.	$x = 30;\ y = -14$

Beachte:
Im Gegensatz zum Gleichsetzungsverfahren muss beim Einsetzungsverfahren im ersten Schritt lediglich in einer Gleichung eine Variable isoliert werden.

3. Additions- oder Subtraktionsverfahren

1. Beispiel	Lösungsschritte	2. Beispiel
I. $x + y = 4$ II. $2x = 11 - 3y$		I. $-\frac{1}{6}y = \frac{1}{3}(x - 1)$ II. $x = \frac{1}{6}(y - 12)$
I. $x + y = 4$ II. $2x = 11 - 3y \quad \mid +3y$ $2x + 3y = 11$	1. Stelle die Gleichungen so um, dass in beiden Gleichungen die Variablen „an der gleichen Stelle“ stehen.	I. $-\frac{1}{6}y = \frac{1}{3}(x - 1)$ $-\frac{1}{6}y = \frac{1}{3}x - \frac{1}{3}$ II. $x = \frac{1}{6}(y - 12)$ $x = \frac{1}{6}y - 2 \quad \mid +2$ $x + 2 = \frac{1}{6}y$ $\frac{1}{6}y = x + 2$
I. $x + y = 4 \quad \mid \cdot 2$ II. $2x + 3y = 11$ I. $2x + 2y = 8$ II. $2x + 3y = 11$	2. Multipliziere beide Seiten einer der beiden Gleichungen mit einem Faktor, so dass nach Addition oder Subtraktion der Gleichungen nur noch eine Variable verbleibt.	I. $-\frac{1}{6}y = \frac{1}{3}x - \frac{1}{3} \quad \mid \cdot 6$ II. $\frac{1}{6}y = x + 2 \quad \mid \cdot 6$ I. $-y = 2x - 2$ II. $y = 6x + 12$
I. $2x + 2y = 8$ II. $\underline{2x + 3y = 11} \quad \mid$ subtrahiere II. III. $0x - y = -3$ $-y = -3 \quad \mid \cdot (-1)$ $y = 3$	3. Addiere oder subtrahiere die Gleichungen wie unter 2. angegeben und löse nach der verbleibenden Variablen auf.	I. $-y = 2x - 2$ II. $\underline{y = 6x + 12} \quad \mid$ addiere II. III. $0y = 8x + 10$ $0 = 8x + 10 \quad \mid -10$ $-10 = 8x \quad \mid :8$ $-\frac{10}{8} = x$ $x = -\frac{5}{4}$

1. Beispiel	Lösungsschritte	2. Beispiel
I. $x + y = 4 \quad \mid y = 3$ $x + 3 = 4 \quad \mid -3$ $x = 1$	4. Setze die Lösung in eine der beiden Gleichungen ein, und löse nach der anderen Variablen auf.	II. $x = \frac{1}{6}(y - 12) \quad \mid x = -\frac{5}{4}$ $-\frac{5}{4} = \frac{1}{6}(y - 12) \quad \mid \cdot 6$ $-\frac{30}{4} = y - 12 \quad \mid +12$ $-\frac{15}{2} + 12 = y$ $y = -\frac{15}{2} + \frac{24}{2}$ $y = \frac{9}{2}$
II. $2x = 11 - 3y \quad \mid x = 1; y = 3$ $2 \cdot 1 = 11 - 3 \cdot 3$ $2 = 11 - 9$ $2 = 2$	5. Überprüfe das Ergebnis durch Einsetzen in die andere Gleichung (Probe).	I. $-\frac{1}{6}y = \frac{1}{3}(x - 1) \quad \mid x = -\frac{5}{4}; y = \frac{9}{2}$ $-\frac{1}{6} \cdot \frac{9}{2} = \frac{1}{3}(-\frac{5}{4} - 1)$ $-\frac{9}{12} = \frac{1}{3}(-\frac{9}{4})$ $-\frac{9}{12} = -\frac{9}{12}$
$x = 1; y = 3$	6. Gib das Ergebnis an, wenn die Probe erfolgreich war.	$x = -\frac{5}{4} = -1\frac{1}{4}; y = \frac{9}{2} = 4\frac{1}{2}$

Spezialfälle bei linearen Gleichungssystemen: Bisher wurden lediglich Gleichungssysteme betrachtet, die genau eine Lösung besaßen. In der entsprechenden Graphik entsprach diese Lösung dem Schnittpunkt der den Gleichungen entsprechenden Geraden. Nun sollen zwei Sonderfälle betrachtet werden:

Gleichungssystem ohne Lösung	Gleichungssystem mit unendlich vielen Lösungen
Beispiel: I. $2x + 1 = 2y$ II. $2x - 2y = 1$ Es soll das Subtraktionsverfahren angewendet werden: I. $2x + 1 = 2y$ II. $2x - 2y = 1 \quad \mid +2y$ $2x = 1 + 2y \quad \mid -1$ $2x - 1 = 2y$ also: I. $2x + 1 = 2y$ II. $\underline{2x - 1 = 2y} \quad \mid$ Subtrahiere II. III. $0x + 2 = 0y$ $2 = 0$	Beispiel: I. $y = x + 3$ II. $2y = 2x + 6$ Es soll das Einsetzungsverfahren angewendet werden: II. $2y = 2x + 6 \quad \mid y = x + 3$ $2(x + 3) = 2x + 6$ $2x + 6 = 2x + 6 \quad \mid -2x$ $6 = 6$
Als Ergebnis erhalten wir herbei nicht wie gewohnt eine Gleichung mit einer Unbekannten, sondern eine **falsche Aussage**. Dies bedeutet, dass das Gleichungssystem keine Lösung besitzt. In der Graphik betrachtet, ist dies gleichbedeutend damit, dass die beiden Geraden parallel zueinander sind, also keinen Schnittpunkt besitzen.	Als Ergebnis erhalten wir hierbei eine **wahre Aussage.** Dies bedeutet, dass das Gleichungssystem unendlich viele Lösungen besitzt, oder anders ausgedrückt: Jede Lösung, die eine Gleichung löst, löst auch die andere (z. B. $x = 1$; $y = 4$ oder $x = 2$, $y = 5$ usw.) In der Graphik betrachtet, ist dies gleichbedeutend damit, dass die beiden Geraden gleich sind.

parallele Geraden → keine Lösung

I $2x + 1 = 2y$ II $2x - 2y = 1$		
x	yI	yII
– 3	– 2,5	– 3,5
– 2	– 1,5	– 2,5
– 1	– 0,5	– 1,5
0	0,5	– 0,5
1	1,5	0,5
2	2,5	1,5
3	3,5	2,5

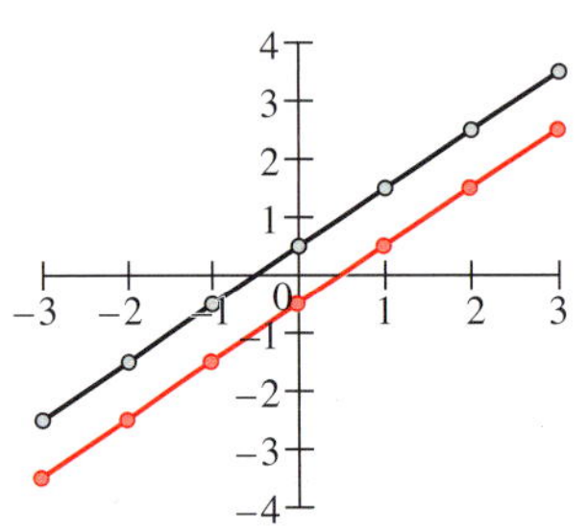

dieselbe Gerade → unendlich viele Lösungen

I $y = x + 3$ II $2y = 2x + 6$		
x	yI	yII
– 3	0	0
– 2	1	1
– 1	2	2
0	3	3
1	4	4
2	5	5
3	6	6

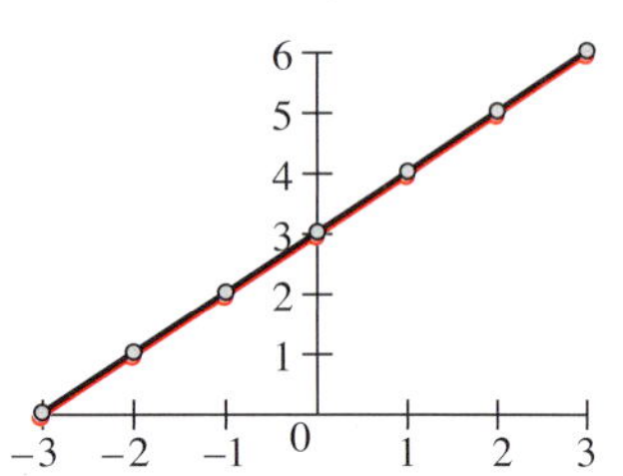

AUFGABEN LINEARE GLEICHUNGSSYSTEME

Löse die folgenden Gleichungssysteme mit dem Gleichsetzungsverfahren.

1.
a) $y = -2x + 2$; $y = -x - 5$
b) $y = -3x + 2$; $y = x + 2$
c) $4x = y - 5$; $y = -x + 5$
d) $4x = 4 - y$; $y + 2 = 2x$
e) $3x = y - 5$; $5x = y - 1$
f) $y = -4x + 3$; $y + 3 = -5x$
g) $-3x = 3 - y$; $-2x = -y - 3$
h) $y = 4x - 4$; $3x = -y - 4$

2.
a) $4x = -y$; $5x = -y - 4$
b) $y - 5 = -3x$; $y = 3x + 5$
c) $-x = -y + 1$; $y + 3 = 2x$
d) $5x = 2 - y$; $y + 4 = x$
e) $y = -2x$; $4x = 2 - y$
f) $4x = y + 3$; $y = 3x + 3$
g) $2x = y - 5$; $y - 4 = 3x$
h) $x - 3 = y$; $-3x = 3 - y$

3.
a) $-2y = -3x - 4$; $y = x - 1$
b) $x = 2y + 2$; $3y = x - 2$
c) $1 - y = -3x$; $x - y = 1$
d) $3x = y - 1$; $2x = y + 3$
e) $-3y = x - 2$; $-y + 3 = -2x$
f) $x = 2y - 2$; $2x = 2y - 3$
g) $3x - 2y = 3$; $2x - 2y = 0$
h) $-3y = 3x + 4{,}5$; $-2y = 3x - 3$

4.
a) $x = 2 - 2y$; $3x + 2 = 2y$
b) $3x + 2y = 3$; $2x + 3 = -y$
c) $2 - 2x = y$; $y + 4 = -x$
d) $-3x = -2y - 1$; $2y - 2x = 4$
e) $0{,}5x - y = 1$; $4 = -x - 2y$
f) $-3y = 3x - 3$; $1 + 2y = -3x$
g) $y + 2 = x$; $x - 2y = 1$
h) $-3x - 2 - y = 0$; $2x + y - 2 = 0$

Löse die folgenden Gleichungssysteme mit Hilfe des Einsetzungsverfahrens.

5.
a) $y = 5x + 1$; $y = x + 1$
b) $y = -4x + 3$; $y = -5x - 3$
c) $y - 3x = 5$; $1 - y = x$
d) $y - 2x = 1$; $3x - 1 = y$
e) $3x - y = 4$; $y - x = 0$
f) $2x + y = -1$; $x + y = 1$
g) $4x - y = -1$; $5 + y = x$
h) $3x + y = 4$; $y + 2x = -1$

6.
a) $-\frac{1}{3}y = x$; $2x - y = 5$
b) $y - 3x = 2$; $4x - y = 3$
c) $y = -4x - 3$; $3x = 5 - y$
d) $\frac{1}{3}y = x + 1$; $\frac{1}{2}y = x + 1$
e) $2 = 4x - y$; $1 = y - x$
f) $5x + y = -4$; $y - 4x = 5$
g) $y = 4(x + 1)$; $3x = y - 1$
h) $3 + y = -x$; $y = -2(x + 2)$

7.
a) $2y = -x + 4$; $2(x + y) = -3$
b) $y = 3x - 4$; $3(x - y) = 0$
c) $2y = 2(3x + 4)$; $-(2 + y) = 3x$
d) $2x - y = -3$; $-3(y - x) = 0$
e) $2(1 - y) = x$; $2y = x$
f) $x + 2y = -3$; $2(x + y) = -1$
g) $-(\frac{2}{3}y + x) = \frac{4}{3}$; $x = 2 - y$
h) $-3y = 2(x - 1)$; $3x - 2y = 3$

8.
a) $2x + 3y = -3$; $x - 3y = 0$
b) $2y + x = 4$; $-(x + 3y) = -2$
c) $2x - 3y = 0$; $x + 3y = -3$
d) $3x - 2y = -1$; $3y + x = -4$
e) $y = 3(x - 1)$; $2x - y = -4$
f) $-2(x + y) = -2$; $2y + 4 = -3x$
g) $y - 2x = 4$; $\frac{1}{3}y = x$
h) $\frac{1}{2}y - x = -2$; $x + 2y + 3 = 0$

Löse die folgenden Gleichungssysteme mit Hilfe des Additions- oder Subtraktionsverfahrens.

9. a) $y = -3x - 2$; $4x + y = 3$

b) $y - 3x = 4$; $y = 2x - 3$

c) $5 + y = 2x$; $y - 3 = 3x$

d) $y = 5x - 3$; $3x + y = -3$

e) $\frac{1}{3}y = x - \frac{5}{3}$; $y = 2(x + 2)$

f) $-5x = 4 - y$; $4 + y = -3x$

g) $y + 5 = -4x$; $x = y$

h) $y = -(5x + 4)$; $-2(2x + 1) = y$

10. a) $y = 2(x - 2)$; $2y + 3 = -x$

b) $y = x - 1$; $x = -(y + 3)$

c) $-2(y - \frac{1}{2}x) = 1$; $-y - 4 = 3x$

d) $-2(y + 1) = x$; $-2y = 3x$

e) $4 = -2(x + y)$; $-x = 2(y - 1)$

f) $3y = 6x - 12$; $y - x - 2 = 0$

g) $y - 2 = 2 - x$; $-(x + y) = x + 3$

h) $-3y = -2x$; $-\frac{1}{2}y = \frac{1}{3}x$

11. a) $-6y = 6x + 12$; $\frac{1}{4}y = \frac{1}{4}x - \frac{1}{2}$

b) $\frac{1}{3}y + \frac{1}{2} = \frac{1}{6}x$; $2x - 2y = -3$

c) $\frac{1}{2}(-2 - 2y) = -x$; $3 = 3(x - y)$

d) $3x - 2y - 3 = -4$; $5y - x = 4x - 5$

e) $-5y = -2x - 1$; $3y = x + 1$

f) $-6y + 3 = 2x + 2$; $3x - 2y = -4$

g) $3x - 4y + 7 = -13$; $2y - 3 = 2x + 5$

h) $7y + 12 = 2x - 7$; $-3(2 + y) = x + 4$

12. a) $5y + 4x - 4 = -2$; $7y = 3x + 20$

b) $6y - 1 = 3x + 2$; $6 - 3y = 2y + x$

c) $3x + 2y = 4$; $-2y + 1 = 3x - 3$

d) $-5y + 2 = 3x + 9$; $3y + 4 = -x - 5$

e) $4y - 2 = 2x + 10$; $3x + 2y + 2 = 0$

f) $-3y = 2x - 1$; $3 - y = -2x$

g) $4y + 5 = -x - 4$; $x - 2y = 4y + 1$

h) $8y = 2x - 6$; $-6y - 1 = -3x + 5$

Löse die folgenden Gleichungssysteme mit Hilfe eines geeigneten Verfahrens.

13. a) $y = 3x - 1$; $4 = 2y - 3x$

b) $2x - y + 3 = 0$; $3x + y + 2 = 0$

c) $x - 2y = 4$; $x + 2y = 2$

d) $-3y = -2x + 1$; $y - 3x = 2$

e) $2x - 4y = 4$; $y = x - 3$

f) $3y = 6x - 9$; $3 - y + x = 0$

g) $2x - y = 1$; $2y - 1 = 3x$

h) $-2y + 3x = 2$; $x = y + 3$

14. a) $4y + 10 = 2x - 20$; $4 - 3y = -3x + 16$

b) $5y + 1 = 9 - 2x$; $-y = 3x + 1$

c) $-6y = 3(x + 3)$; $y - 3 = 3(1 - x)$

d) $3y - 4 = 3x + 8$; $3x - 1{,}5y = 6$

e) $3 - 3y = -2x + 1$; $3x - 2 = 2y$

f) $2x + y = -1$; $4 - 2y = x$

g) $2x + y = -4$; $-4y = 3(x + 17)$

h) $4y - x = 2x + 31$; $2y + 3 = 3x + 14$

15. a) $4y - 5 = -2x - 31$; $2y + 3x = 3 - 3x - y$

b) $2x - 3y = 2$; $1 - 3y = -(x + 1)$

c) $6 - 12y = 3x - 13$; $3(y + 1) = 1 - 3x$

d) $10 - y - 2x = 3y - 4$; $12x + 4y = -16$

e) $2x - 5y - 3 = 8 - x$; $2y + 8 = 2x + 6$

f) $-6y + 1 = -3x + 10$; $3y = 1{,}5x - 4{,}5$

g) $7y - 6 = 2(x + 10)$; $-2y = -x - 4$

h) $2(5y - 2) = -2(2x - 15)$; $\frac{1}{2}(y - 1) = x$

16. a) $5x + 3y = 35$; $4x - 2y = 17$

b) $7x - 3y = 109$; $10x + 3y = 26{,}5$

c) $3x + 3y = 6$; $2x + y = -4$

d) $9x - 3y = 6{,}6$; $5x + y = 11{,}4$

e) $17x - 5y = 35$; $4x + 6y = 19$

f) $-8x + 3y = 23{,}5$; $15x - 7y = -42$

g) $13x - 7y = -48$; $5x - 9y = -9$

h) $22x - 19y = 79{,}5$; $7x + 11y = 102$

Löse die Gleichungssysteme mit einem geeigneten Verfahren.

17. a) $2(3x - y + 4) = 5y - 2x - 3$
$3(2y + 1) - x = 2(4x + y - 2)$

b) $3(3x + y - 2) = 4(y + 1) + x$
$5(2y - 5x) - 4 = 5(3x - y) + 6$

c) $3(x - 3y) + 7 = 11(y - 3) - 27x$
$6(3y - x) + 4 = 2(x - 3y) - 32$

d) $5(3x - y + 2) = 2(y - 3x - 2)$
$3(y - 2x - 1) - 8x = 5(2x - y) + 9 - 4y$

e) $3(3y - 4x) + 2(y - 1) - 7 - 3x = 3(5x + 2) - 4y$
$3(y - x + 2) + 2(2y - x) = 7(x - 1) - (y + 3)$

f) $3(y - 3x - 2) - 2(y + 5) = 4(x - 2y) + 5(x + 4)$
$3(2y - x) - 19(x + 1) = 5(4x - y) + 3(3 - y)$

g) $(2x + 4)(y + 2) - (2x + 2)(y + 1) = 10$
$(3x - 6)(y + 2) - (x + 2)(3y - 6) = 0$

h) $(4x + 3)(y - 2) - (y - 1)(4x - 2) = 0$
$(x + 1)(y + 1) - (y - 2)(x - 2) = 18$

Die Graphen zweier nicht paralleler Geraden g und h schneiden sich im Punkte $S\,(x \mid y)$. Bestimme die Koordinaten des Schnittpunktes S.

Beispiel: $g\,(x) = 2x - 1$
$h\,(x) = -x + 2$
Setze $g\,(x) = h\,(x)$ und ermittle x.
$2x - 1 = -x + 2 \qquad | + x$
$3x - 1 = 2 \qquad | + 1$
$3x = 3 \qquad | : 3$
$x = 1$

Probe: $g\,(1) = 2 \cdot 1 - 1$
$g\,(1) = 1$
$h\,(1) = -1 + 2$
$h\,(1) = 1$
$S\,(1 \mid 1)$

18. a) $g\,(x) = 4{,}5x - 1$
$h\,(x) = 8x - 1{,}5x$

b) $g\,(x) = 6x + 1$
$h\,(x) = 2x + 5$

c) $g\,(x) = 3x - 3$
$h\,(x) = 5x + 1$

d) $g\,(x) = 3x - 4$
$h\,(x) = -5\,(12 + x)$

e) $g\,(x) = 2x - 3$
$h\,(x) = 9 - 4x$

f) $g\,(x) = x + 3$
$h\,(x) = -1 - 3x$

g) $g\,(x) = 2x - 5$
$h\,(x) = 20 - 3x$

h) $g\,(x) = x + 8$
$h\,(x) = -2x - 1$

i) $g\,(x) = 2x - 20$
$h\,(x) = -3x$

19. a) Die Summe zweier Zahlen beträgt 61. Ihre Differenz beträgt 29. Wie heißen die Zahlen?

b) Die Differenz zweier Zahlen ist 241. Addiert man beide Zahlen, so beträgt die Summe 417. Wie heißen die Zahlen?

c) Die Summe zweier Zahlen beträgt 12. Addiert man zur ersten Zahl das Doppelte der zweiten Zahl, so ist die Summe 19. Welche Zahlen sind es?

d) Die Differenz zweier Zahlen ist 21. Subtrahiert man vom Dreifachen der einen Zahl das Doppelte der anderen Zahl, so erhält man 69. Ermittle die Zahlen.

e) Die Summe aus dem Sechsfachen einer Zahl und dem Vierfachen einer zweiten Zahl ist 104. Addiert man zum Achtfachen der ersten Zahl das Siebenfache der zweiten Zahl, so ist die Summe 162. Bestimme die Zahlen.

f) Die Differenz zwischen dem Neunfachen einer ersten und dem Achtfachen einer zweiten Zahl ist 42. Vertauscht man die Faktoren, so ist die Differenz 9. Wie heißen die Zahlen?

g) Die Quersumme einer zweistelligen Zahl ist 12. Vertauscht man die Ziffern, so wächst die Zahl um 54. Wie heißt die Zahl?

h) Eine Zahl ist 5-mal so groß wie ihre Quersumme. Das Dreifache der ersten Ziffer dieser Zahl, vermehrt um das Doppelte der zweiten Ziffer ist 22. Wie heißt die Zahl?

20. a) Die Summe zweier Zahlen ist 70. Die Zahlen verhalten sich wie 2 : 3. Welche Zahlen erfüllen die Bedingungen?

b) Die Differenz zweier Zahlen beträgt 21. Welche Zahlen, die sich wie 7 : 4 verhalten, sind gemeint?

c) Die Summe zweier Zahlen ist 15. Dividiert man die erste durch die zweite Zahl, so ist das Ergebnis 4. Wie heißen die Zahlen?

d) Der Umfang eines rechteckigen Grundstückes beträgt 54 m. Die Seiten verhalten sich wie 4 : 5. Berechne die Längen des Grundstückes.

e) Länge und Breite eines rechteckigen Grundstückes ergeben zusammen 35 m. Die Länge verhält sich zur Breite wie 2 : 3. Wie groß ist das Grundstück?

f) Ein Trapez hat einen Flächeninhalt von 28 cm^2. Seine parallelen Seiten verhalten sich wie 3 : 4. Seine Höhe beträgt 4 cm. Berechne die Längen der parallelen Seiten.

g) Vergrößert man die Länge und die Breite eines Grundstückes, dessen Seiten sich wie 4 : 3 verhalten, um je 2 m, so vergrößert sich die Grundstücksfläche um 60 m^2. Wie groß war das ursprüngliche Grundstück?

h) An den Enden eines zweiseitigen Hebels wirken je zwei Kräfte von zusammen 24 kN. Wie groß sind die Einzelkräfte, wenn sich die Hebellängen wie 1 : 3 verhalten?

Quadratische Gleichungen – Bruchgleichungen – Wurzelgleichungen

DEFINITIONEN UND LÖSUNGSWEGE QUADRATISCHE GLEICHUNGEN

Eine Gleichung der Form $ax^2 + bx + c = d$

(a, b, c, d reelle Zahlen; $a \neq 0$)

heißt **quadratische Gleichung**. ····►

$3x^2 - 2x + 4 = 0;$
$x^2 + x + 10 = 2;$
$-\frac{1}{2}x^2 - 2 = 5x - 1;$
$x^2 + 1 = -2x^2 + 2$

Eine Gleichung, die durch äquivalentes Umformen in eine solche Form gebracht werden kann, ist natürlich auch eine quadratische Gleichung.

Einfacher Sonderfall:

$b = 0 \rightarrow ax^2 + c = d$

Durch Umformung erhalten wir dann:

$$\begin{aligned} ax^2 + c &= d && \mid -c \\ ax^2 &= d - c && \mid :a \\ x^2 &= \tfrac{(d-c)}{a} && \mid \sqrt{\ } \\ |x| &= \sqrt{\tfrac{(d-c)}{a}} \\ x_1 &= +\sqrt{\tfrac{(d-c)}{a}} \\ x_2 &= -\sqrt{\tfrac{(d-c)}{a}} \end{aligned}$$

$x^2 = 9 \rightarrow x = \sqrt{9} = 3$ oder $x = -\sqrt{9} = -3;$
$4x^2 = 25 \rightarrow x = \sqrt{\frac{25}{4}} = \frac{2}{5}$ oder $x = -\sqrt{\frac{25}{4}} = -\frac{2}{5};$
$16x^2 + 2 = 3 \rightarrow x = \sqrt{\frac{1}{16}} = \frac{1}{4}$ oder $x = -\sqrt{\frac{1}{16}} = -\frac{1}{4};$
$\frac{1}{36}x^2 - 1 = 1 \rightarrow x = \sqrt{2 \cdot 36} = 6 \cdot \sqrt{2}$ oder $x = -\sqrt{2 \cdot 36}$

Eine Lösung existiert damit nur, wenn $\frac{(d-c)}{a} > 0$ ist, also a und $d-c$ entweder beide positiv oder beide negativ sind. Wenn eine Lösung u existiert, die ungleich Null ist, dann ist $-u$ auch eine Lösung (siehe hierzu auch das Kapitel über Quadratwurzeln), da mit $u^2 = v$ auch $(-u)^2 = v$ gilt.
Aus diesem Grunde definiert man:

$\sqrt{x^2} = |x|;\ x = +\sqrt{x^2}$ oder $x = -\sqrt{x^2}$ ····►

$x^2 = 9 \rightarrow |x| = 3 \rightarrow -x = 3$ oder $x = 3$ bzw. $x = 3$ oder $x = -3$

Die beiden Lösungen werden meist mit x_1 und x_2 bezeichnet. Für „$x_1 = +\sqrt{x^2}$ und $x_2 = -\sqrt{x^2}$" kann zusammenfassend auch geschrieben werden „$x = \pm\sqrt{x^2}$". ····►

$x^2 = 9 \rightarrow |x| = 3$ bzw. $x = \pm\sqrt{9}$

Quadratische Ergänzung:

Bei der quadratischen Ergänzung wandelt man den Teil des Termes, der x^2 und x enthält, in eine binomische Formel um. Dabei dürfen natürlich lediglich äquivalente Umformungen durchgeführt werden.

a) $a = 1;\ c = 0;\ d = 0 \rightarrow x^2 + bx = 0$

$$\begin{aligned} x^2 + bx &= 0 \\ x^2 + 2 \cdot \tfrac{b}{2}x &= 0 && \mid +\left(\tfrac{b}{2}\right)^2 \\ x^2 + 2 \cdot \tfrac{b}{2}x + \left(\tfrac{b}{2}\right)^2 &= \left(\tfrac{b}{2}\right)^2 \\ \left(x + \tfrac{b}{2}\right)^2 &= \left(\tfrac{b}{2}\right)^2 && \mid \sqrt{\ } \\ \left|x + \tfrac{b}{2}\right| &= \left|\tfrac{b}{2}\right| \end{aligned}$$

$x_1 + \frac{b}{2} = \frac{b}{2}$ und $x_2 + \frac{b}{2} = -\frac{b}{2}$
$x_1 = 0$ $\quad x_2 = -b$

1.
$x^2 + 2x = 0$
$x^2 + 2 \cdot 1x = 0$
$\rightarrow$ Quadratische Erg.: 1^2
$x^2 + 2x + 1^2 = 1^2$
$(x + 1)^2 = 1$
$|x + 1| = 1$
$x_1 + 1 = 1$ und $x_2 + 1 = -1$
$x_1 = 0$ $\quad x_2 = -2$

2.
$x^2 + 6x = 0$
$x^2 + 2 \cdot 3x = 0$
$\rightarrow$ Quadratische Erg.: 3^2
$x^2 + 2 \cdot 3x + 3^2 = 3^2$
$(x + 3)^2 = 9$
$|x + 3| = 3$
$x_1 + 3 = 3$ und $x_2 + 3 = -3$
$x_1 = 0$ $\quad x_2 = -6$

b) allgemein $\rightarrow$ $ax^2 + bx + c = d$

Bei der allgemeinen Variante muss die Gleichung zuerst durch a geteilt werden, bevor die quadratische Ergänzung durchgeführt werden kann.

$$
\begin{aligned}
ax^2 + bx + c &= d && \mid :a \\
x^2 + \tfrac{b}{a}x + \tfrac{c}{a} &= \tfrac{d}{a} \\
x^2 + 2\left(\tfrac{b}{2a}\right)x + \tfrac{c}{a} &= \tfrac{d}{a} && \mid +\left(\tfrac{b}{2a}\right)^2 \\
x^2 + 2\left(\tfrac{b}{2a}\right)x + \left(\tfrac{b}{2a}\right)^2 + \tfrac{c}{a} &= \tfrac{d}{a} + \left(\tfrac{b}{2a}\right)^2 \\
\left(x + \tfrac{b}{2a}\right)^2 + \tfrac{c}{a} &= \tfrac{d}{a} + \left(\tfrac{b}{2a}\right)^2 && \mid -\tfrac{c}{a} \\
\left(x + \tfrac{b}{2a}\right)^2 &= \tfrac{d}{a} + \left(\tfrac{b}{2a}\right)^2 - \tfrac{c}{a} && \mid \sqrt{} \\
x + \tfrac{b}{2a} &= \pm\sqrt{\tfrac{(d-c)}{a} + \left(\tfrac{b}{2a}\right)^2} && \mid -\tfrac{b}{2a} \\
x_1 &= +\sqrt{\tfrac{(d-c)}{a} + \left(\tfrac{b}{2a}\right)^2} - \tfrac{b}{2a} \\
x_2 &= -\sqrt{\tfrac{(d-c)}{a} + \left(\tfrac{b}{2a}\right)^2} - \tfrac{b}{2a}
\end{aligned}
$$

Es empfiehlt sich, quadratische Gleichungen der allgemeinen Form immer ausführlich über die quadratische Ergänzung auszurechnen.

1.
$$
\begin{aligned}
2x^2 + 2x + 4 &= 16 && \mid :2 \\
x^2 + x + 2 &= 8 \\
x^2 + 2 \cdot \tfrac{1}{2}x + 2 &= 8
\end{aligned}
$$

$\rightarrow$ Quadratische Ergänzung: $\left(\frac{1}{2}\right)^2$

$$
\begin{aligned}
x^2 + 2 \cdot \tfrac{1}{2}x + \left(\tfrac{1}{2}\right)^2 + 2 &= 8 + \left(\tfrac{1}{2}\right)^2 \\
\left(x + \tfrac{1}{2}\right)^2 + 2 &= \tfrac{33}{4} && \mid -2 \\
\left(x + \tfrac{1}{2}\right)^2 &= \tfrac{33}{4} - 2 \\
\left(x + \tfrac{1}{2}\right)^2 &= \tfrac{25}{4} && \mid \sqrt{}
\end{aligned}
$$

$x_1 + \frac{1}{2} = \frac{5}{2}$ und $x_2 + \frac{1}{2} = -\frac{5}{2}$

$x_1 = 2 \qquad x_2 = -3$

2.
$$
\begin{aligned}
-3x^2 + 9x &= 18 && \mid :(-3) \\
x^2 - 3x &= -6
\end{aligned}
$$

$\rightarrow$ Quadratische Ergänzung: $\left(\frac{3}{2}\right)^2$

$$
\begin{aligned}
x^2 - 3x + \left(\tfrac{3}{2}\right)^2 &= -6 + \left(\tfrac{3}{2}\right)^2 \\
\left(x - \tfrac{3}{2}\right)^2 &= -\tfrac{15}{4} && \mid \sqrt{} \\
x - \tfrac{3}{2} &= \sqrt{-\tfrac{15}{4}}
\end{aligned}
$$

$\rightarrow$ Die Gleichung hat keine Lösung, da die Wurzel aus einer negativen Zahl nicht definiert ist.

***p*-*q*-Formel**

$a = 1$ und $d = 0$ $\rightarrow$ $x^2 + bx + c = 0$

Ersetzen wir b durch p und c durch q, so können wir die Gleichung $x^2 + px + q = 0$ mit der sogenannten „***p*-*q*-Formel**" lösen.

$$
\begin{aligned}
x^2 + px + q &= 0 && \mid -q \\
x^2 + px &= -q \\
x^2 + 2 \cdot \left(\tfrac{p}{2}\right)x &= -q && \mid +\left(\tfrac{p}{2}\right)^2 \\
x^2 + 2\left(\tfrac{p}{2}\right)x + \left(\tfrac{p}{2}\right)^2 &= -q + \left(\tfrac{p}{2}\right)^2 && \mid \text{binomische Formel} \\
\left(x + \tfrac{p}{2}\right)^2 &= \left(\tfrac{p}{2}\right)^2 - q && \mid \sqrt{} \\
x + \tfrac{p}{2} &= \pm\sqrt{\left(\tfrac{p}{2}\right)^2 - q} && \mid -\left(\tfrac{p}{2}\right) \\
x &= -\tfrac{p}{2} \pm \sqrt{\left(\tfrac{p}{2}\right)^2 - q}
\end{aligned}
$$

1. $x^2 + 2x - 8 = 0 \qquad \rightarrow p = 2;\ q = -8$ also

$x_1 = -\frac{2}{2} + \sqrt{\left(\frac{2}{2}\right)^2 + 8} = -1 + \sqrt{9} = -1 + 3 = 2$

$x_2 = -\frac{2}{2} - \sqrt{\left(\frac{2}{2}\right)^2 + 8} = -1 - \sqrt{9} = -1 - 3 = -4$

2. $x^2 - 4x + 3 = 0 \qquad \rightarrow p = -4;\ q = 3$ also

$x_1 = \frac{4}{2} + \sqrt{\left(-\frac{4}{2}\right)^2 - 3} = 2 + \sqrt{4 - 3} = 2 + 1 = 3$

$x_2 = \frac{4}{2} - \sqrt{\left(-\frac{4}{2}\right)^2 - 3} = 2 - \sqrt{4 - 3} = 2 - 1 = 1$

Die quadratische Gleichung $x^2 + px + q = 0$

hat die Lösungen $x_1 = -\frac{p}{2} + \sqrt{\left(\frac{p}{2}\right)^2 - q}$ und $x_2 = -\frac{p}{2} - \sqrt{\left(\frac{p}{2}\right)^2 - q}$,
wobei $\left(\frac{p}{2}\right)^2 - q \geq 0$ sein muss.

Bei $\left(\frac{p}{2}\right)^2 - q > 0$ existieren dann genau 2 Lösungen,
bei $\left(\frac{p}{2}\right)^2 - q = 0$ lediglich eine Lösung, nämlich $-\frac{p}{2}$,
und bei $\left(\frac{p}{2}\right)^2 - q < 0$ existiert keine Lösung, da die Wurzel aus einer negativen Zahl nicht definiert ist.

Beachte:

Durch einfaches äquivalentes Umformen kann jede quadratische Gleichung in die Form $x^2 + px + q = 0$ gebracht werden und anschließend mit der oben beschriebenen p-q-Formel gelöst werden. Trotzdem sollte zur Übung in den folgenden Aufgaben immer auch die Lösung über die quadratische Ergänzung berechnet werden, da dieser Ansatz zum Verständnis der quadratischen Gleichungen wichtiger ist als das „einfache" Anwenden einer Lösungsformel.

Satz des Vieta

x_1 und x_2 seien die Lösungen der quadratischen Gleichung $x^2 + px + q = 0$.

Dann gilt:

$x_1 + x_2 = -p$ **und** $x_1 \cdot x_2 = q$.

Der **Satz von Vieta** kann zur einfachen Probe bei quadratischen Gleichungen genutzt werden.

$x^2 + 3x + 2 = 0$

$x_1 = -\frac{3}{2} + \sqrt{(\frac{3}{2})^2 - 2} = -\frac{3}{2} + \sqrt{\frac{9}{4} - 2} = -\frac{3}{2} + \frac{1}{2} = -1$

$x_2 = -\frac{3}{2} - \sqrt{(\frac{3}{2})^2 - 2} = -\frac{3}{2} - \sqrt{\frac{9}{4} - 2} = -\frac{3}{2} - \frac{1}{2} = -2$

Probe:	$x_1 + x_2 = -p$	$x_1 \cdot x_2 = q$
	$-1 + (-2) = -3$	$-1 \cdot (-2) = 2$
	$-3 = -3$	$2 = 2$

Quadratische Ungleichungen

Prinzipiell werden quadratische Ungleichungen genau so gelöst wie quadratische Gleichungen. Allerdings ist bei der Auflösung der Betragsstriche auf die Richtung der Relation zu achten.

Es gilt:

$x^2 < a$	$x^2 > a$
$\lvert x \rvert < \sqrt{a}$	$\lvert x \rvert > \sqrt{a}$
$x < \sqrt{a}$ oder $-x < \sqrt{a}$	$x > \sqrt{a}$ oder $-x > \sqrt{a}$
$x < \sqrt{a}$ oder $x > -\sqrt{a}$	$x > \sqrt{a}$ oder $x < -\sqrt{a}$
also $x \in (-\sqrt{a}; \sqrt{a})$	also $x \in \mathbb{R} \setminus [-\sqrt{a}; \sqrt{a}]$

1.

$2x^2 - 4x + 16$	< 32	$\mid :2$
$x^2 - 2x + 8$	< 16	$\mid +1$
$x^2 - 2x + 1 + 8$	< 17	
$(x-1)^2 + 8$	< 17	$\mid -8$
$(x-1)^2$	< 9	$\mid \sqrt{\ }$
$\lvert x - 1 \rvert$	$< \sqrt{9}$	

$x - 1 < 3$ oder $-(x-1) < 3$
$x < 4$ oder $x - 1 > -3$
$x < 4$ oder $x > -2$
also $x \in (-2; 4)$

2.

$-x^2 - 8x$	< 12	$\mid \cdot (-1)$
$x^2 + 8x$	> -12	$\mid +16$
$x^2 + 8x + 16$	> 4	
$(x+4)^2$	> 4	$\mid \sqrt{\ }$
$\lvert x + 4 \rvert$	> 2	

$x + 4 > 2$ oder $-(x+4) > 2$
$x > -2$ oder $x + 4 < -2$
$x > -2$ oder $x < -6$
also $x \in \mathbb{R} \setminus [-6; -2]$

AUFGABEN QUADRATISCHE GLEICHUNGEN

Löse folgende Aufgaben durch Faktorisieren.

1. a) $x^2 + 8x = 0$
b) $x^2 - 2x = 0$
c) $4x^2 - 12x = 0$
d) $3x^2 + 6x = 0$
e) $7x^2 - 28x = 0$
f) $15x^2 + 30x = 0$
g) $6x^2 = 9x$
h) $20x = 5x^2$
i) $7x(x-3) = 6x^2 - 7x$
j) $3x^2 - 9x = 7x - x^2$
k) $3x(x+2) = 9x - 2x^2$
l) $-x^2 - 7x = 0$

Löse folgende Aufgaben mit Hilfe der binomischen Formeln.

Beispiel: $x^2 + 2x + 1 = 0$
$(x+1)(x+1) = 0 \rightarrow x_1 = x_2 = -1$

2. a) $x^2 + 4x + 4 = 0$
b) $x^2 - 4x + 4 = 0$
c) $x^2 - 1 = 0$
d) $4x^2 + 4x + 1 = 0$
e) $9x^2 - 24x + 16 = 0$
f) $4x^2 + 24x + 36 = 0$
g) $64 - x^2 = 0$
h) $81 - 54x + 9x^2 = 0$
i) $9x^2 - 16 = 0$
j) $9x^2 + 18x + 9 = 0$
k) $4x^2 - 9 = 0$
l) $25x^2 + 50x + 25 = 0$

Löse folgende Gleichungen mit Hilfe der quadratischen Ergänzung.

3. a) $-4x^2 + 2x + 20 = 0$
b) $-x^2 + 3x - 2 = 0$
c) $7x + 3 = -2x^2$
d) $4x^2 - 2x = 12$
e) $2x^2 + 5x + 2 = 0$
f) $2x^2 - 6x = -4$
g) $x^2 = -10x - 16$
h) $-x^2 - 7x - 12 = 0$
i) $5x^2 + 2x = 7$
j) $2x^2 = 6x - 4$
k) $x^2 - 7x + 6 = 0$
l) $x^2 = 3x + 10$

Löse folgende Gleichungen mit einem geeigneten Verfahren und mache die Probe durch Einsetzen der Ergebnisse.

4. a) $2x^2 + 3x = 0$
b) $-3x^2 + x + 2 = 0$
c) $x^2 - 10x + 25 = 0$
d) $81x^2 - 72x + 16 = 0$
e) $5x^2 - x - 18 = 0$
f) $-x^2 + 9x - 18 = 0$
g) $-3x^2 - 3x = 0$
h) $-2x^2 + 20 = 6x$
i) $2x^2 - 5x = 7$
j) $6x + 8 = 2x^2$
k) $-x^2 - 8x + 20 = 0$
l) $5x^2 = -8x$
m) $4x^2 = 9x + 9$
n) $x^2 - 9x - 10 = 0$
o) $10x - 2x^2 = 12$

5. a) $3x^2 + 8x = 15 - 2x^2 - 2x$
b) $x^2 - 3x = 5x^2 + 3x + 2$
c) $10x - 3x^2 = 2x^2 + x - 18$
d) $x^2 - 3x + 7 = 3x^2 + 2x$
e) $-2x^2 + 5x = x^2 - 12$
f) $7 - 2x^2 - 5x = 2x^2 + 4x - 6$
g) $x^2 + 5x - 2 = 1 - x^2$
h) $x^2 + 3x + 1 = -x - 3$
i) $5x^2 - 10x - 2 = 7x^2 - x + 7$
j) $7x^2 + 4x - 4 = 5x^2 + 3x + 2$
k) $3x^2 - 2x = 7x^2 + 6x + 3$
l) $x^2 + 2x + 21 = 4x^2 - x + 3$
m) $x^2 + 7x - 22 = x - x^2 - 2$
n) $4x^2 - x - 1 = 2x^2 + 3x + 5$

Löse die Gleichungen mit Hilfe der quadratischen Ergänzung. Mache die Probe.

6. a) $5x^2 + 8x - 13 = 0$
b) $4x^2 - 2x - 6 = 0$
c) $-2x^2 + 3x - 2 = 2x^2 - 3x$
d) $x^2 + 2x - 4 = 8 - x^2$
e) $4x^2 + x = 14 - 3x^2 - 6x$
f) $x^2 + 5x + 1 = -3x^2 - x - 1$
g) $3x^2 + 7x = 12 - 2x$
h) $2x^2 - 7x - 9 = 2x + 2$
i) $3x^2 - 4x - 1 = 2x - x^2 + 3$
j) $x^2 - 1 = 5x - 2x^2 + 1$
k) $2x^2 - 8x - 10 = 0$
l) $8x + 4 = 5x^2$
m) $4x^2 + 8x = -3$
n) $x^2 + 5x + 3 = 4x^2 - 4x - 9$

Löse folgende Gleichungen mit Hilfe der quadratischen Ergänzung und mache die Probe.

7. a) $-4x^2 - x + 5 = 0$
b) $8 - x^2 - 7x = 0$
c) $-2x^2 + 6x = 0$
d) $-(x^2 + x) + 6 = 0$
e) $4x^2 - 9x = 13$
f) $2x^2 + 10 = 9x$
g) $3x^2 + 10x + 7 = 0$
h) $x(4x - 1) = 14$
i) $-(x^2 + 5x) + 6 = 0$
j) $15 = 5(x^2 + 2x)$
k) $x^2 - 3x = 4x + 8$
l) $-(x^2 + x) + 4 = -8$
m) $5x + 14 = x^2$
n) $10 - 5x(x + 1) = 0$
o) $x(4x - 7) = 15$

8. a) $-2(x^2 + 4x + 3) = 0$
b) $5x^2 + 6x - 11 = 0$
c) $-(x^2 + 8x) = 12$
d) $-x^2 + 4(x - 1) = 0$
e) $2x(x + 3) = 8$
f) $2x^2 + 3(x + 1) = -4x$
g) $-x(x + 7) - 3 = 7$
h) $4x(2 - x) = 4$
i) $2(x^2 - 5) = x$
j) $-3(3x + 6) = x^2$
k) $4x(x - 2) = 12$
l) $x(x - 7) + 10 = 0$
m) $x^2 - 4(x + 3) = 0$
n) $x(4x + 7) = 11$
o) $2x(x - 1) - (x - 1) = 0$

9. a) $2x(x + 1) + x = 1 - 2x^2$
b) $-2(x^2 + 5) + 11x = 2x$
c) $-x(x + 3) + 10 = 0$
d) $2x^2 - 9(x - 1) = 0$
e) $x(1 - 3x) + 1 = 2(x^2 - 1) - x$
f) $x(x - 4) - 5 = 0$
g) $3(x - x^2) - 2(x^2 - 1) = 0$
h) $4x^2 + 5x = 9$
i) $3x(x + 5) + x(x + 1) - 7 = 13$
j) $x^2 - 3(x + 5) - 3 = 0$
k) $5x(x + 5) + 3 = 5x - 3(x^2 + 3)$
l) $x(x + 1) + 5(x + 1) = 0$
m) $2(x^2 - 3x - 6) = 3(x + 2)$
n) $x(2x + 1) + 2(x^2 - 7) = 0$
o) $-3x(x + 1) + 4 = 2(x^2 + 2x - 4)$
p) $x(x + 2) - 10 = 3x + 2$
q) $2x^2 - 3x - 20 = 115$
r) $x(4x + 7) - 8 = x^2 + 10(x + 1)$
s) $3x^2 - 4x - 22 = x^2 + 2x - 2$
t) $3x(2x + 1) - 5 = 5x(x + 2) - 5$

Löse folgende Gleichungen mit Hilfe der quadratischen Ergänzung. Mache eine Probe.

10. a) $2x^2 + 3x = 2(9 - x)$
b) $3(2x - x^2) = x^2 - 10$
c) $2(x^2 - 9) = -5$
d) $-(3x^2 + 10x + 7) = 0$
e) $2x(2 - x) = -x - 3$
f) $-2x(x - 1) = -3(x + 6)$
g) $-3x(x + 3) - x(x + 1) + 14 = 0$
h) $7x(x + 1) - 70 = 7(5 - x)$
i) $-2(2x^2 - 3) + 1 = 3(-x - 1)$
j) $2(4x - x^2) - 20 = x^2 + 16(1 - x)$
k) $7(x^2 - 3x - 3) = x(7 - 5x) + 3$
l) $3x(\frac{1}{2}x - 1) - 1 = x(x + 1) + 9$
m) $x(2x - 4) - 14 = 2(3 - x^2 - x)$
n) $4x(x + 1) - 15 = 5(x^2 - x + 1)$

11. a) $(x + 4)^2 + 3(x + 1) + 9 = 0$
b) $3(2x + 1) + (x + 1)^2 = -3$
c) $(4x - 4)^2 - 2(x - 1)^2 = 0$
d) $(x + 4)^2 + 7(5 - x) = 63$
e) $(2x + 1)^2 + 6(x + 2) = 2(x + 5)$
f) $(3x - 5)^2 + 7 = 8(3x - 5)$
g) $(x - 1)^2 + (x + 2)^2 = 7x + 3$
h) $(x - 3)^2 + 2x(x - 4) = 3x - 5$
i) $-3(x - 1)^2 + (5 - 3x)^2 = 3x + 1$
j) $(x + 1)(x - 1) + (x - 4)^2 = x^2$
k) $(3 - x)(3 + x) + (x + 5)^2 = 6(x^2 + 2x + 1)$
l) $x^2 + (x - 6)^2 = (x + 1)^2 - 5$
m) $2x^2 + (x + 2)^2 = (x + 3)^2 + 7$
n) $(2x - 2)^2 + x^2 = (x + 1)^2 - 1$
o) $(x + 2)^2 + (x + 5)(x - 5) = 5(2x + 3)$
p) $(3x - 2)^2 - (2x - 1)(2x + 1) = 2(3x + 14)$

Löse folgende Ungleichungen.

12. a) $x^2 + 4x + 4 > 0$
b) $x^2 + 2x + 1 < 0$
c) $x^2 - 2x + 3 > 0$
d) $4x^2 + 2x > 0$
e) $x^2 - 3x + 2 > 0$
f) $x^2 + x > 0$
g) $-x^2 + 9x - 18 < 0$
h) $5x - x^2 - 6 > 0$
i) $x^2 - 2x - 3 < 0$
j) $x^2 + x - 6 > 0$
k) $x^2 + 8x + 15 < 0$
l) $-x^2 + 8x - 12 < 0$

TEXTAUFGABEN

1. Multipliziert man das Vierfache einer Zahl mit ihrem Zehnfachen, so ist das Produkt 360. Wie heißt die Zahl?

2. Die Summe zweier Zahlen beträgt 20, ihr Produkt 36. Wie heißen die Zahlen?

3. Die Fläche eines Grundstückes beträgt 432 m². Die Länge der rechteckigen Fläche beträgt das 3fache der Breite. Bestimme Länge und Breite des Grundstückes.

4. Die Fläche eines Dreiecks beträgt 242 m². Die Grundlinie ist 4-mal so lang wie die Höhe. Bestimme Grundlinie und Höhe.

5. Das Produkt zweier Zahlen ist 768. Die eine Zahl ist 3-mal so groß wie die andere. Bestimme die Zahlen.

6. Das Produkt aus dem 3fachen des vierten Teils einer Zahl mit dem 4fachen des dritten Teils dieser Zahl ist 144. Wie heißt die Zahl?

7. Das Produkt zweier aufeinanderfolgender Zahlen ist 306. Wie heißen die natürlichen Zahlen?

8. Subtrahiert man vom 12fachen einer Zahl das Quadrat dieser Zahl, so erhält man 35. Wie heißen die Zahlen, die diese Bedingung erfüllen?

9. Addiert man zum Quadrat einer Zahl das 5fache derselben, so ist die Summe 176. Welche Zahlen erfüllen die Bedingung?

10. Multipliziert man das 4fache einer Zahl mit dem 3fachen dieser Zahl, so ist das Produkt 2700. Welche Zahlen sind gemeint?

11. Die Fläche eines Dreiecks beträgt 32,5 m². Die Grundseite des Dreiecks ist 3,5 m länger als die Dreieckshöhe. Berechne die Höhe des Dreiecks.

12.

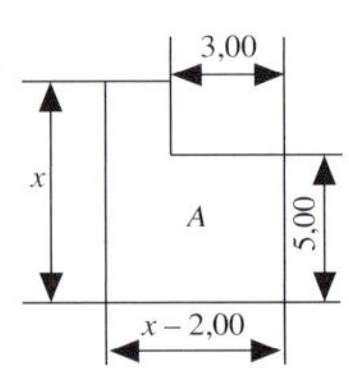

Eine Fläche A von 29 m² hat die Maße nebenstehender Skizze. Berechne das Maß x.

13. Die Diagonale eines rechteckigen Grundstückes beträgt 50 m. Die Grundstücksseiten l_1 und l_2 verhalten sich wie 4 : 3. Berechne die Längen der Grundstücksseiten.

14. Ein Kreis hat einen Durchmesser von 15 m. Um wie viel Meter müsste der Durchmesser vergrößert werden, damit die Kreisfläche um das Vierfache wächst?

15. Um wie viel cm muss der Durchmesser eines Kreises von 36 cm verkleinert werden, damit die Kreisfläche nur noch $\frac{1}{9}$ der ursprünglichen Fläche beträgt?

16. Um ein Schwimmbecken durch zwei verschieden große Leitungen (Rohre) zu füllen, sind 9 Stunden erforderlich. Die größere der beiden Leitungen würde zum Füllen des Beckens 7,5 Stunden weniger brauchen als die kleinere. Wie viel Zeit brauchen die Leitungen einzeln zum Füllen des Beckens?

17. Wenn man die Kanten eines Würfels um 1 dm verringert, verringert sich das Volumen des Würfels um 91 dm³. Wie lang waren die Kanten ursprünglich?

18. Vergrößert man die Kanten eines Würfels um 1 cm, wächst seine Oberfläche um 54 cm². Berechne die ursprüngliche Kantenlänge.

DEFINITIONEN UND LÖSUNGSWEGE BRUCHGLEICHUNGEN

Definition:

Bruchgleichungen sind Gleichungen, in denen Variable im Nenner stehen.

Es werden hier nur Gleichungen behandelt, die durch äquivalente Umformung in lineare oder quadratische Gleichungen umgewandelt werden können.

Wenn Variable im Nenner eines Bruches stehen, muss darauf geachtet werden, welcher Definitionsbereich für diese Variable in Frage kommt. Dabei wird grundsätzlich von der Menge der reellen Zahlen ausgegangen, mit Ausnahme der Werte der Variablen, für die der gesamte Nenner 0 wird. Für diese Werte ist die Gleichung nicht definiert.

Beispiele für Lösungswege:

1. Beispiel: $\frac{x^2}{x+1} = x + 1$

1. Schritt: Definitionsmenge für x bestimmen

$x + 1 = 0 \quad | -1$
$x = -1$
$\rightarrow x \in \mathbb{R} \setminus \{-1\}$

2. Schritt: in lineare oder quadratische Gleichung umformen

$\frac{x^2}{x+1} = x + 1 \quad | \cdot (x+1)$
$x^2 = (x+1)^2$
$x^2 = x^2 + 2x + 1 \quad | -x^2$
$0 = 2x + 1 \quad | -1$
$-1 = 2x \quad | :2$
$x = -\frac{1}{2}$

3. Schritt: überprüfen, ob Lösung in Definitionsmenge ist und Lösung angeben
$\mathbb{L} = \{-\frac{1}{2}\}$

2. Beispiel: $\frac{1}{x^2+2x+1} = \frac{1}{x^2-2x+1}$

1. Schritt: Definitionsmenge für x bestimmen

$x^2 + 2x + 1 = 0$ und $x^2 - 2x + 1 = 0$
$(x+1)^2 = 0$ und $(x-1)^2 = 0$
$x + 1 = 0$ und $x - 1 = 0$
$x = -1$ und $x = 1$
$\rightarrow x \in \mathbb{R} \setminus \{-1; 1\}$

2. Schritt: in lineare oder quadratische Gleichung umformen

$\frac{1}{x^2+2x+1} = \frac{1}{x^2+2x+1} \quad | \cdot (x^2+2x+1)$
$1 = \frac{x^2+2x+1}{x^2-2x+1} \quad | \cdot (x^2-2x+1)$
$x^2 - 2x + 1 = x^2 + 2x + 1 \quad | -x^2$
$-2x + 1 = 2x + 1 \quad | -1$
$-2x = 2x \quad | +2x$
$4x = 0 \quad | :4$
$x = 0$

3. Schritt: überprüfen, ob Lösung in Definitionsmenge ist und Lösung angeben:
$\mathbb{L} = \{0\}$

3. Beispiel: $\frac{1}{x+2} = 2x + 4$

1. Schritt: Definitionsmenge für x bestimmen

$x + 2 = 0 \quad | -2$
$x = -2$
$\rightarrow x \in \mathbb{R} \setminus \{-2\}$

2. Schritt: in lineare oder quadratische Gleichung umformen

$\frac{1}{x+2} = 2x + 4 \quad | \cdot (x+2)$
$1 = (2x+4)(x+2)$
$1 = 2(x+2)^2 \quad | :2$
$\frac{1}{2} = (x+2)^2 \quad | \sqrt{\ }$
$\pm\sqrt{\frac{1}{2}} = x + 2 \quad | -2$
$x = \pm\sqrt{\frac{1}{2}} - 2$
$x_1 = +\sqrt{\frac{1}{2}} - 2$ und $x_2 = -\sqrt{\frac{1}{2}} - 2$

3. Schritt: überprüfen, ob Lösung in Definitionsmenge ist und Lösung angeben
$\mathbb{L} = \{+\sqrt{\frac{1}{2}} - 2; -\sqrt{\frac{1}{2}} - 2\}$

4. Beispiel: $\frac{1}{x^2+3x+2} = \frac{1}{x^2-2x-3}$

1. Schritt: Definitionsmenge für x bestimmen

$x^2 + 3x + 2 = 0$ und $x^2 - 2x - 3 = 0$
$(x+1)(x+2) = 0$ und $(x+1)(x-3) = 0$
$x_1 = -1$ und $x_2 = -2$ und $x_3 = -1$ und $x_4 = 3$
$\rightarrow x \in \mathbb{R} \setminus \{-1; -2; 3\}$

2. Schritt: in lineare oder quadratische Gleichung umformen

$\frac{1}{x^2+3x+2} = \frac{1}{x^2-2x-3} \quad | \cdot (x^2+3x+2)$
$1 = \frac{x^2+3x+2}{x^2-2x-3} \quad | \cdot (x^2-2x-3)$
$x^2 - 2x - 3 = x^2 + 3x + 2 \quad | -x^2$
$-2x - 3 = 3x + 2 \quad | +3$
$-2x = 3x + 5 \quad | -3x$
$-5x = 5 \quad | :(-5)$
$x = -1$

3. Schritt: überprüfen, ob Lösung in Definitionsmenge ist und Lösung angeben
$\mathbb{L} = \{\}$

AUFGABEN BRUCHGLEICHUNGEN

Löse folgende Bruchgleichungen. Bestimme vorher den Definitionsbereich. Überprüfe das Ergebnis durch eine Probe.

1. a) $\frac{24}{x} - 2 = \frac{8}{x} + 2$

b) $\frac{3}{x} + \frac{30}{x} + \frac{1}{2} = \frac{36}{x}$

c) $\frac{-2}{x-4} - \frac{1}{x-2} = \frac{-3}{x-3}$

d) $\frac{1}{x+2} - \frac{3}{x+4} = \frac{-2}{x-1}$

e) $\frac{1}{x-4} - \frac{2}{x+4} = \frac{-3}{x+2}$

f) $\frac{-3}{x+4} + \frac{1}{x-2} = \frac{-2}{x+1}$

g) $\frac{2}{x-4} + \frac{1}{x-1} = \frac{3}{x+1}$

h) $\frac{1}{x+3} + \frac{2}{x-3} = \frac{3}{x+1}$

i) $\frac{1}{x+3} - \frac{3}{x-1} = \frac{-2}{x-2}$

j) $\frac{1}{x-3} - \frac{3}{x} = \frac{-2}{x+3}$

k) $\frac{1}{x+4} + \frac{2}{x-2} = \frac{3}{x-1}$

l) $\frac{1}{x+4} + \frac{2}{x-2} = \frac{3}{x-1}$

2. a) $\frac{1}{x-1} - \frac{3}{x+3} = \frac{-2}{x+1}$

b) $\frac{1}{x+3} + \frac{2}{x+1} = \frac{3}{x+2}$

c) $\frac{3}{3x-3} - \frac{2}{x} = \frac{-4}{4x+12}$

d) $\frac{2}{x+1} = \frac{3}{x+4} - \frac{1}{x-2}$

e) $\frac{6}{3x-12} = \frac{12}{4x-12} - \frac{5}{5x-10}$

f) $\frac{5}{5x-20} - \frac{3}{x+2} = \frac{-8}{4x+12}$

g) $\frac{1}{x} - \frac{3}{x-1} = \frac{-4}{2x-6}$

h) $\frac{1}{x-1} + \frac{2}{x-3} = \frac{9}{3x+9}$

i) $\frac{1}{x+3} - \frac{3}{x-1} = \frac{-2}{x-2}$

j) $\frac{1}{x-3} - \frac{3}{x} = \frac{-2}{x+3}$

k) $\frac{1}{x+4} - \frac{3}{x-2} = \frac{-2}{x+1}$

l) $\frac{1}{x+4} + \frac{2}{x-2} = \frac{3}{x-1}$

3. a) $\frac{3}{x-1} - \frac{1}{x+1} = \frac{2}{x-3}$

b) $\frac{2}{4-x} + \frac{1}{2-x} = \frac{3}{3-x}$

c) $\frac{1}{x+3} - \frac{2}{x+2} + \frac{1}{x-1} = 0$

d) $\frac{1}{x+2} - \frac{3}{x-4} = \frac{2}{1-x}$

e) $\frac{1}{x-4} + \frac{2}{x+3} = \frac{3}{x+2}$

f) $\frac{1}{4-x} - \frac{2}{x+2} = \frac{-3}{x+1}$

g) $\frac{1}{x-1} - \frac{3}{x+1} = \frac{2}{x-3}$

h) $\frac{5}{5x-15} - \frac{3}{x+1} = \frac{2}{1-x}$

i) $\frac{2}{x-2} - \frac{3}{x+3} = \frac{1}{-1-x}$

j) $\frac{2}{x+4} + \frac{1}{x+1} = \frac{3}{x+2}$

k) $\frac{2}{x+1} = \frac{3}{x-1} - \frac{1}{x-4}$

l) $\frac{4}{2x-2} + \frac{3}{2-x} = \frac{1}{3-x}$

4. a) $\frac{2}{x-3} + \frac{1}{x+1} = \frac{3}{x-2}$

b) $\frac{1}{x+1} + \frac{2}{x+2} = \frac{3}{x+3}$

c) $\frac{1}{1-x} = \frac{1}{x+2} - \frac{3}{x+1}$

d) $\frac{1}{x+2} = \frac{2}{x+4} - \frac{1}{x-2}$

e) $\frac{1}{x-1} = \frac{3}{x} - \frac{2}{x+2}$

f) $\frac{1}{x+2} - \frac{3}{x-1} = \frac{2}{3-x}$

g) $\frac{1}{3-x} - \frac{2}{x+1} = \frac{3}{1-x}$

h) $\frac{1}{x-4} - \frac{3}{x+1} = -\frac{2}{x+3}$

i) $\frac{2}{x+1} - \frac{12}{4x-4} = \frac{3}{6-3x}$

j) $\frac{8}{12-4x} = \frac{7}{7x+7} + \frac{6}{2-2x}$

k) $\frac{15}{5(2-x)} = \frac{6}{9-3x} - \frac{1}{x-1}$

l) $\frac{4}{4x+8} - \frac{2}{x+1} = \frac{1}{2-x}$

5. a) $\frac{3(5x-1)}{4x+3} + \frac{x-4}{4x+3} = 3$

b) $\frac{-4x+6}{x+2} + \frac{5x-2}{x+8} = 1$

c) $\frac{2x-2}{x+1} + \frac{6x-2}{2(x+1)} = 3$

d) $\frac{x+4}{x-1} + \frac{x+11}{2x-2} - \frac{10x+40}{3x-3} = 1$

e) $\frac{x+1}{x-2} + \frac{2x-3}{x+2} = \frac{3x^2-12}{x^2-4}$

f) $\frac{x+9}{x-1} - \frac{x+12}{x+3} = \frac{7x+3}{x^2+2x-3}$

g) $\frac{x+3}{x+4} - \frac{x+1}{x+2} = \frac{5x-3}{x^2+6x+8}$

h) $\frac{x+2}{x-4} - \frac{x+5}{x-3} = \frac{x-7}{x^2-7x+12}$

i) $\frac{3x+6}{2x+1} - \frac{3x-2}{2x-1} = \frac{4x+2}{4x^2-1}$

j) $\frac{2x-4}{2-2x} - \frac{5-3x}{1+3x} = \frac{7x+1}{2+4x-6x^2}$

k) $\frac{10+2x}{1-x} - \frac{6x-4}{2-3x} = \frac{100+2x}{2-5x+3x^2}$

l) $\frac{x-1}{4x-3} + \frac{15-x}{3+4x} = \frac{20-6x}{16x^2-9}$

6. a) $-\frac{2}{x-4} - \frac{1}{x-2} = -\frac{3}{x-3}$

b) $\frac{1}{x+4} - \frac{2}{x+2} = -\frac{1}{x-1}$

c) $\frac{-2}{x-4} - \frac{1}{x-2} = -\frac{3}{x-3}$

d) $\frac{2}{x+3} - \frac{3}{x-1} = \frac{1}{3-x}$

e) $-\frac{2}{x} + \frac{1}{3-x} = \frac{3}{2-x}$

f) $\frac{2}{1-x} + \frac{2}{x+2} = \frac{1}{3-x}$

g) $\frac{2}{2-x} + \frac{3}{x} = \frac{1}{x+2}$

h) $\frac{4}{8-2x} - \frac{1}{x-2} = \frac{3}{x+2}$

i) $\frac{-3}{1+x} + \frac{1}{2+x} = \frac{-2}{x-1}$

j) $\frac{1}{x} + \frac{2}{x+3} = \frac{3}{x-2}$

k) $\frac{3}{3-x} + \frac{1}{x-2} = \frac{2}{4-x}$

l) $\frac{2}{4-x} + \frac{3}{x-2} = \frac{1}{x+2}$

7. a) $\frac{6}{2-2x} + \frac{2}{x-3} = \frac{-5}{5(x+5)}$

b) $\frac{7}{7x-28} - \frac{9}{3x-9} = \frac{4}{4-2x}$

c) $\frac{4}{12+4x} = \frac{12}{4x-8} - \frac{2}{x-3}$

d) $\frac{10}{20-10x} = \frac{2}{x-4} - \frac{6}{2x-6}$

e) $\frac{17}{17x+68} = \frac{6}{3x+6} + \frac{1}{1-x}$

f) $\frac{2}{x+4} - \frac{3}{x+2} = -\frac{1}{x-1}$

g) $\frac{1}{-x} = \frac{8}{4x-16} - \frac{3}{x-3}$

h) $\frac{3}{12+3x} + \frac{2}{x+3} = \frac{6}{2x+4}$

i) $\frac{1}{x-1} + \frac{1}{x-3} = \frac{5}{2{,}5x-10}$

j) $\frac{1}{x+4} - \frac{12}{4x+4} + \frac{4}{2x-2} = 0$

k) $\frac{5}{2{,}5x+10} - \frac{3}{3+x} + \frac{1}{x-3} = 0$

l) $-\frac{3}{x+2} + \frac{8}{4x+16} + \frac{5}{5(x-3)} = 0$

Wandle folgende Gleichungen in quadratische Gleichungen um und bestimme x_1 sowie x_2.

8. a) $\frac{3}{4x-5} = 4x - 3$
b) $\frac{-4}{-x-4} = x + 4$
c) $\frac{3}{4x+1} = -4x - 5$
d) $\frac{4}{5x-3} = 4x - 2$
e) $\frac{3}{-x-3} = 5\,(x + 1)$
f) $\frac{-5}{x+3} = -(2x + 3)$
g) $\frac{5}{-(3x+1)} = -3x - 5$
h $\frac{-1}{3+4x} - = -4x - 3$
i) $\frac{4}{5x+4} = 5x + 1$
j) $\frac{3}{5x-2} = -(4x + 3)$
k) $\frac{3}{2(x+2)} = 2\,(x + 1)$
l) $\frac{4}{1-2x} = 4 - 2x$

9. a) $\frac{-5}{(4x+1)} = 2\,(2x - 1)$
b) $\frac{2}{1-3x} = 1 - 2x$
c) $\frac{-4}{3-5x} = x + 1$
d) $\frac{4}{2x+5} = x - 1$
e) $-\frac{3}{2x-4} = 4x - 3$
f) $\frac{5}{4(x-1)} = 3x - 2$
g) $\frac{4}{2(x-2)} = 4x - 1$
h) $\frac{-1}{5-4x} = 4 - 2x$
i) $\frac{3}{1-x} = x - 5$
j) $\frac{3}{4x-1} = -2\,(x + 1)$
k) $\frac{4}{5x+4} = 3x + 1$
l) $\frac{5x+4}{4} = \frac{1}{x+1}$

10. a) $\frac{-4}{2x+4} = -(x + 3)$
b) $\frac{5}{1-x} = 3 - 4x$
c) $\frac{-5}{4x+1} = x - 2$
d) $\frac{5}{5-4x} = 4 - 2x$
e) $\frac{4}{x-5} = 1 - x$
f) $\frac{3}{3-2x} = x - 4$
g) $\frac{-3}{2x+5} = x + 5$
h) $\frac{3}{4x-5} = x - 4$
i) $\frac{2}{4-3x} = 5 - 3x$
j) $\frac{-3}{2(x+1)} = -(4x + 3)$
k) $\frac{3}{3-4x} = x - 4$
l) $\frac{-5}{2x+3} = x + 5$

11. a) $\frac{-3}{5x+3} = 2x - 1$
b) $\frac{4}{2x+1} = 2x + 1$
c) $\frac{5}{x+4} = -4\,(x + 1)$
d) $\frac{4}{5-2x} = -(x + 1)$
e) $\frac{x-2}{3} + 3 = -\frac{1}{1+2x}$
f) $-(5x + 2) = \frac{3}{x+2}$
g) $2\,(x + 1) + \frac{2}{x+3} = 0$
h) $\frac{2}{4x+1} + 4\,(x + 1) = 0$
i) $x + 4 + \frac{3}{2x+1} = 0$
j) $\frac{4}{x+2} - x - 5 = 0$
k) $\frac{2}{x+5} - 4 - x = 0$
l) $4 - 5x + \frac{5}{2x+3} = 0$

12. a) $\frac{4}{x-1} - 3x + 2 = 0$
b) $\frac{5}{x-4} - 2x + 5 = 0$
c) $2 + \frac{5}{2+x} - x = 0$
d) $2\,(x + 2) - \frac{3}{2(x+1)} = 0$
e) $\frac{2}{2-x} - 4x = -2$
f) $\frac{-3}{8x+6} = x + 2$
g) $\frac{5}{2x+3} + 4x = 1$
h) $x + \frac{3}{4(x+1)} - 1 = 0$
i) $4x - \frac{2}{4x-3} = 2$
j) $\frac{1}{x-5} + \frac{5}{5-x} + x = 2$
k) $\frac{1}{3-2x} - \frac{2}{2x-3} + 3x = 3$
l) $\frac{2}{1-5x} + \frac{6}{5x-1} + 3 = 4x$

13. a) $\frac{1}{1-2x} + 4x = 3$
b) $\frac{5}{x+1} - 5 = 2x$
c) $2x + 5 + \frac{2}{-x-1} = 0$
d) $\frac{2}{1-x} - x = -4$
e) $1 - \frac{3}{2-5x} = 2x$
f) $4x - 1 = -\frac{5}{3x-5}$
g) $4x + \frac{4}{1+3x} = 5$
h) $4 - \frac{3}{2-2x} - 2x = 0$
i) $\frac{1}{2(2-x)} + 2 = 2x$
j) $\frac{2}{5+4x} = 2\,(x + 2)$
k) $5x - 4 - \frac{2}{-(4x+5)} = 0$
l) $3x + \frac{3}{-(4x+4)} + 4 = 0$

14. a) $\frac{5}{x-1} - x = x + 1$
b) $\frac{3}{x+3} + 5x - 8 = 7x - 3$
c) $\frac{1}{2(2-x)} - x = 3x - 5$
d) $\frac{5}{2x-5} + 9x - 4 = 8x - 7$
e) $\frac{1}{1-3x} + x = 1 - \frac{3}{1-3x} - 2x$
f) $2 - \frac{5}{x-2} + 7x = 5x + 3$
g) $\frac{4}{3-2x} + x = 6x - 1$
h) $\frac{4}{-(2x+1)} + x + 1 = 4$
i) $-4x - 4 = -\frac{5}{x-1}$
j) $\frac{3}{x-2} - \frac{2}{2-x} + x = 3x + 5$
k) $\frac{4}{x+5} + \frac{1}{-5-x} + 5x - 6 = 3x - 11$
l) $\frac{2}{3-4x} + \frac{5}{4x-3} + 4x = 2\,(x - 1)$

DEFINITIONEN UND LÖSUNGSWEGE WURZELGLEICHUNGEN

Definition:

Wurzelgleichungen sind Gleichungen, in denen (Quadrat-)Wurzeln stehen.

Es werden hier nur Gleichungen behandelt, die durch äquivalente Umformung in lineare oder quadratische Gleichungen umgewandelt werden können.

Analog zur den Bruchgleichungen muss darauf geachtet werden, welcher Definitionsbereich für diese Variablen in Frage kommt. Dabei wird grundsätzlich von der Menge der reellen Zahlen ausgegangen, mit Ausnahme der Werte der Variablen, für die der Radikant negativ wird.

Beispiele für Lösungswege:

1. Beispiel: $\sqrt{x^2+4x-12}=x+1$

1. Schritt: Definitionsmenge für x bestimmen

$x^2+4x-12\geq 0 \quad | +2^2$

$x^2+4x+2^2-12\geq 4$

$(x+2)^2-12\geq 4 \quad | +12$

$(x+2)^2\geq 16 \quad | \sqrt{}$

$|x+2|\geq 4$

$x_1+2\geq 4$ und $x_2+2\leq -4$

$x_1\geq 2$ und $x_2\leq -6$

$\rightarrow x\in \mathbb{R}\setminus(-6;2)$

2. Schritt: in lineare oder quadratische Gleichung umformen

$\sqrt{x^2+4x-12}=x+1 \quad |$ quadrieren

$x^2+4x-12=x^2+2x+1 \quad | -x^2$

$4x-12=2x+1 \quad | -2x$

$2x-12=1 \quad | +12$

$2x=13 \quad | :2$

$x=6{,}5$

3. Schritt: überprüfen, ob x in Definitionsmenge ist und Probe, ob x Lösung ist.

Probe: $\sqrt{6{,}5^2+4\cdot 6{,}5-12}=6{,}5+1$

$\sqrt{56{,}25}=7{,}5$

$7{,}5=7{,}5$

Lösung angeben: $\mathbb{L}=\{6{,}5\}$

2. Beispiel: $\sqrt{x+2}+\sqrt{x-3}=\sqrt{3x+4}$

1. Schritt: Definitionsmenge für x bestimmen

$x+2\geq 0\rightarrow x\geq -2$

$x-3\geq 0\rightarrow x\geq 3$

$3x+4\geq 0\rightarrow x\geq -\frac{4}{3}$

Insgesamt: $x\in\mathbb{R}$ und $x\geq 3$

2. Schritt: in lineare oder quadratische Gleichung umformen

$\sqrt{x+2}+\sqrt{x-3}=\sqrt{3x+4} \quad |$ quadrieren

$x+2+2\cdot\sqrt{(x+2)(x-3)}+x-3=3x+4$

$2x-1+2\cdot\sqrt{(x+2)(x-3)}=3x+4 \quad | -2x+1$

$2\cdot\sqrt{(x+2)(x-3)}=x+5 \quad |$ quadrieren

$4(x+2)(x-3)=x^2+10x+25$

$4x^2-4x-24=x^2+10x+25 \quad | -x^2-10x+24$

$3x^2-14x=49 \quad | :3$

$x^2-\frac{14}{3}x=\frac{49}{3} \quad | +\left(\frac{7}{3}\right)^2$

$x^2-\frac{14}{3}x+\left(\frac{7}{3}\right)^2=\frac{49}{3}+\left(\frac{7}{3}\right)^2$

$\left(x-\frac{7}{3}\right)^2=\frac{196}{9} \quad | \sqrt{}$

$\left|x-\frac{7}{3}\right|=\frac{14}{3}$

$x_1=-\frac{7}{3} \qquad x_2=7$

3. Schritt: überprüfen, ob Lösung in Definitionsmenge ist und Probe, ob x Lösung ist.

$x_1=-\frac{7}{3}$ ist nicht in der Definitionsmenge

Probe: $\sqrt{7+2}+\sqrt{7-3}=\sqrt{3\cdot 7+4}$

$\sqrt{9}+\sqrt{4}=\sqrt{25}$

$5=5$

Lösung angeben: $\mathbb{L}=\{7\}$

Beachte:

Es ist außerordentlich wichtig, dass am Schluss die Probe gemacht wird, da es sich bei den Umformungen nicht um Äquivalenzumformungen handelt. Das bedeutet, daß nach Umformungen eine Lösung der quadratischen Gleichung durchaus im Definitionsbereich liegen kann, trotzdem aber keine Lösung der Wurzelgleichung ist, z.B.

$$\sqrt{x+9} + \sqrt{x-1} = \sqrt{6x-4}$$

Bestimmung der Definitionsmenge:

$x + 9 \geq 0$ und $x - 1 \geq 0$ und $6x - 4 \geq 0$; also
$x \geq -9$ und $x \geq 1$ und $x \geq \frac{2}{3}$; also insgesamt
$x \geq 1$ bzw. $\mathbb{D} = \{x \in \mathbb{R};\, x \geq 1\}$

Umformung der Gleichung:

$$\begin{aligned}
\sqrt{x+9} + \sqrt{x-1} &= \sqrt{6x-4} && \mid \text{quadrieren}\\
x + 9 + 2\sqrt{x^2 + 8x - 9} + x - 1 &= 6x - 4 &&\\
2x + 8 + 2\sqrt{x^2 + 8x - 9} &= 6x - 4 && \mid -2x - 8\\
2\sqrt{x^2 + 8x - 9} &= 4x - 12 && \mid :2\\
\sqrt{x^2 + 8x - 9} &= 2x - 6 && \mid \text{quadrieren}\\
x^2 + 8x - 9 &= 4x^2 - 24x + 36 && \mid -x^2 - 8x + 9\\
0 &= 3x^2 - 32x + 45 && \mid :3\\
0 &= x^2 - \tfrac{32}{3}x + \tfrac{45}{3} &&
\end{aligned}$$

Nach *p*-*q*-Formel folgt dann

$$x_1 = \tfrac{32}{6} + \sqrt{\left(\tfrac{32}{6}\right)^2 - \tfrac{45}{3}} \quad \text{und} \quad x_2 = \tfrac{32}{6} - \sqrt{\left(\tfrac{32}{6}\right)^2 - \tfrac{45}{3}}$$

$$x_1 = \tfrac{32}{6} + \sqrt{\tfrac{1024}{36} - \tfrac{540}{36}} \quad \text{und} \quad x_2 = \tfrac{32}{6} - \sqrt{\tfrac{1024}{36} - \tfrac{540}{36}}$$

$$x_1 = \tfrac{32}{6} + \tfrac{22}{6} \quad \text{und} \quad x_2 = \tfrac{32}{6} - \tfrac{22}{6}$$

$x_1 = 9$ und $x_2 = \frac{5}{3}$, also $x_1 \in \mathbb{D}$ und $x_2 \in \mathbb{D}$, aber:

$$\sqrt{9+9} + \sqrt{9-1} = \sqrt{6 \cdot 9 - 4} \quad \text{und} \quad \sqrt{\tfrac{5}{3} + 9} + \sqrt{\tfrac{5}{3} - 1} = \sqrt{6 \cdot \tfrac{5}{3} - 4}$$

$$\sqrt{2 \cdot 9} + \sqrt{2 \cdot 4} = \sqrt{2 \cdot 25} \quad \text{und} \quad \sqrt{\tfrac{5}{3} + \tfrac{27}{3}} + \sqrt{\tfrac{5}{3} - \tfrac{3}{3}} = \sqrt{\tfrac{30}{3} - \tfrac{12}{3}}$$

$$3 \cdot \sqrt{2} + 2 \cdot \sqrt{2} = 5 \cdot \sqrt{2} \quad \text{und} \quad \sqrt{16 \cdot \tfrac{2}{3}} + \sqrt{\tfrac{2}{3}} = \sqrt{9 \cdot \tfrac{2}{3}}$$

$$5 \cdot \sqrt{2} = 5 \cdot \sqrt{2} \quad \text{und} \quad 4 \cdot \sqrt{\tfrac{2}{3}} + \sqrt{\tfrac{2}{3}} = 3 \cdot \sqrt{\tfrac{2}{3}}$$

$$5 \cdot \sqrt{2} = 5 \cdot \sqrt{2} \quad \text{und} \quad 5 \cdot \sqrt{\tfrac{2}{3}} - 3 \cdot \sqrt{\tfrac{2}{3}}$$

wahre Aussage und falsche Aussage

also $\mathbb{L} = \{9\}$

AUFGABEN WURZELGLEICHUNGEN

Bestimme den Definitionsbereich der Wurzeln, löse die Gleichungen und mache eine Probe.

1. a) $\sqrt{x+5} = 4$
b) $2\sqrt{x+2} = 6$
c) $\sqrt{4x+5} = 5$
d) $4 \cdot \sqrt{2x-5} = 12$
e) $8 - \sqrt{4x-5} = 3$
f) $\sqrt{3x+6} + 4 = 10$
g) $5\sqrt{13-3x} - 2 = 8$
h) $10 - \sqrt{x+2} = 6$
i) $6\sqrt{20-4x} = 24$
j) $\sqrt{x^2+x+5} = x + 1$
k) $\sqrt{x^2-x-2} = x - 1$
l) $\sqrt{4x^2+3x+3} = 2x + 1$

2. a) $\sqrt{9x^2+5x+2} = 3x+1$

b) $\sqrt{16x^2+7x-9} - 4 = 4x$

c) $\sqrt{x^2-3x+10} + 4x = 5x-1$

d) $\sqrt{x+5} = \sqrt{2x-6}$

e) $2\sqrt{5x-4} = 3\sqrt{3x-8}$

f) $5\sqrt{24+5x} = 3\sqrt{13-4x}$

g) $\dfrac{8}{\sqrt{3x-5}=2}\sqrt{3x-5}$

h) $2\sqrt{2x+7} = \dfrac{50}{\sqrt{2x+7}}$

i) $\sqrt{x+9} = 1+\sqrt{x}$

j) $\sqrt{x+5} = 5-\sqrt{x}$

k) $\sqrt{4x+13} = 2\sqrt{x+1}$

l) $5\sqrt{x-1} = \sqrt{25x-49}$

m) $3\sqrt{x+1} - \sqrt{9x-2} = 1$

n) $\sqrt{16x+4} - 2 = 4\sqrt{x-1}$

o) $2\sqrt{x+1} = 4-\sqrt{4x+4}$

p) $\sqrt{x-10} - \sqrt{x-2} = \sqrt{x-7} - \sqrt{x+5}$

Wandle folgende Wurzelgleichungen in quadratische Gleichungen um, bestimme x und mache die Probe.

3. a) $\dfrac{-2x}{\sqrt{6-x}} = \sqrt{-3x-5}$

b) $\dfrac{3x}{\sqrt{2x+8}} = \sqrt{4x-5}$

c) $\dfrac{4x}{\sqrt{2x+7}} = \sqrt{7x-3}$

d) $\dfrac{-4x}{\sqrt{-3x+5}} = \sqrt{-5x-3}$

e) $\dfrac{x}{\sqrt{6-x}} = \sqrt{3x-5}$

f) $\dfrac{3x}{\sqrt{x+2}} = \sqrt{6x-3}$

g) $\dfrac{6x}{\sqrt{4(x+2)}} = \sqrt{3(2x-1)}$

h) $\dfrac{3x}{\sqrt{2x+5}} = \sqrt{4(x-1)}$

i) $\dfrac{-2x}{\sqrt{2(x+3)}} = \sqrt{-(4x+3)}$

j) $\dfrac{6x}{\sqrt{5x+4}} = \sqrt{7x-3}$

k) $\dfrac{x}{\sqrt{6-5x}} = \sqrt{3x-2}$

l) $\dfrac{3x}{\sqrt{6-3x}} = \sqrt{5x-2}$

4. a) $\dfrac{x}{\sqrt{3-x}} = \sqrt{3x-2}$

b) $\dfrac{\sqrt{5x+6}}{4x} + 5 = \dfrac{1}{\sqrt{3x-2}}$

c) $\dfrac{\sqrt{x+2}}{3x} = \dfrac{1}{\sqrt{5x-1}}$

d) $\sqrt{4x+6} = \dfrac{4x}{\sqrt{3x-1}}$

e) $\dfrac{6x}{2(2x+4)} = \sqrt{5x-1}$

f) $\dfrac{\sqrt{6x-4x}}{8x} = \dfrac{1}{\sqrt{2x+3}}$

g) $-4x = \sqrt{3-2x}\cdot\sqrt{4(1-x)}$

h) $\sqrt{5-x}\cdot\sqrt{2(2x+3)} = -2$

i) $\dfrac{4x}{\sqrt{4x+3}} = \sqrt{2x+5}$

j) $3x = \sqrt{x+2}\cdot\sqrt{7x+5}$

k) $\sqrt{5-4x}\cdot\sqrt{-(2x+1)} = -3x$

l) $\dfrac{-2x}{\sqrt{5-x}} = \sqrt{4-3x}$

Wandle die Wurzelgleichungen in quadratische Gleichungen um und bestimme die Lösungen.

5. a) $\sqrt{x-3} + \sqrt{x+3} = \sqrt{2x}$

b) $\sqrt{3x+1} + \sqrt{2x} = \sqrt{3x+3}$

c) $\sqrt{3x+2} - \sqrt{2x+1} = \sqrt{2x-2}$

d) $\sqrt{2(x-1)} + \sqrt{x} = \sqrt{3x-2}$

e) $\sqrt{2x+3} + \sqrt{x-1} = \sqrt{3x+2}$

f) $\sqrt{x+1} + \sqrt{x-3} = \sqrt{3x-1}$

g) $\sqrt{2x-1} + \sqrt{x-2} = \sqrt{3(x+1)}$

h) $\sqrt{2(x+1)} = \sqrt{3x+2} - \sqrt{2x}$

i) $\sqrt{2(x+2)} = \sqrt{x+3} - \sqrt{2(x+1)}$

j) $\sqrt{x+2} - \sqrt{2x+3} = \sqrt{x+1}$

6. a) $\sqrt{6x+13} + \sqrt{9x-2} = \sqrt{50x-19}$

b) $\sqrt{-3x-1} + \sqrt{8{,}5+x} = \sqrt{1{,}5-6x}$

c) $\sqrt{x+9} = \sqrt{6x-4} - \sqrt{x-1}$

d) $\sqrt{3x-9{,}75} + \sqrt{x-5{,}75} = \sqrt{5x+1{,}25}$

e) $\sqrt{2x-3} = \sqrt{6x+2} - \sqrt{3x-10}$

f) $\sqrt{10x-2} + \sqrt{5x-2} = \sqrt{20x+10}$

g) $\sqrt{5x-0{,}5} + \sqrt{x+3} = \sqrt{12x+0{,}5}$

h) $\sqrt{4(3x-5)} + 2\sqrt{5x-1} = \sqrt{28x+8}$

i) $\sqrt{x+17} = \sqrt{16x-64} - \sqrt{x+1}$

j) $\sqrt{9+4x} + \sqrt{4-x} = \sqrt{6x+1}$

DEFINITIONEN QUADRATISCHE FUNKTIONEN

Eine Funktion, deren Funktionsgleichung eine quadratische Gleichung ist, nennt man eine quadratische Funktion:

$f(x) = ax^2 + bx + c$

Durch quadratische Ergänzung erhält man die Scheitelpunktsform, anhand derer man den Scheitelpunkt des Graphen der Funktion direkt ablesen kann:

$f(x) = ax^2 + bx + c$
$f(x) = a\left(x^2 + \frac{b}{a}x\right) + c$
$f(x) = a\left(x^2 + \frac{b}{a}x + \left(\frac{b}{2a}\right)^2 - \left(\frac{b}{a}\right)^2\right) + c$
$f(x) = a\left(\left(x + \frac{b}{2a}\right)^2 - \left(\frac{b}{2a}\right)^2\right) + c$
$f(x) = a\left(x + \frac{b}{2a}\right)^2 - a\left(\frac{b}{2a}\right)^2 + c$
$f(x) = a\left(x + \frac{b}{2a}\right)^2 + c - \frac{b^2}{4a}$

Mit $s_1 = -\frac{b}{2a}$ und $s_2 = c - \frac{b^2}{4a}$ folgt dann die **Scheitelpunktsform**

$f(x) = a(x - s_1)^2 + s_2$.

Der Scheitelpunkt des Graphen ist dann $S(s_1 \mid s_2)$.

1. $f(x) = x^2 + 2x + 2$
   $f(x) = x^2 + 2x + 1^2 - 1^2 + 2$
   $f(x) = (x + 1)^2 - 1 + 2$
   $f(x) = (x - (-1))^2 + 1$
   mit $f(-1) = 1 \rightarrow S(-1 \mid 1)$

2. $f(x) = 2x^2 - 8x - 20$
   $f(x) = 2(x^2 - 4x) - 20$
   $f(x) = 2(x^2 - 4x + 2^2 - 2^2) - 20$
   $f(x) = 2((x - 2)^2 - 4) - 20$
   $f(x) = 2(x - 2)^2 - 8 - 20$
   $f(x) = 2(x - 2)^2 - 28$
   mit $f(2) = -28 \rightarrow S(2 \mid -28)$

Beispiele für quadratische Funktionen:

1. Funktionen der Form $f(x) = ax^2$:

$f(x) = ax^2 + bx + c$; $b = 0$; $c = 0$				
x	$a = 1$ $f_1(x)$	$a = -1$ $f_2(x)$	$a = 0{,}5$ $f_3(x)$	$a = 2$ $f_4(x)$
– 5	25	– 25	12,5	50
– 4	16	– 16	8	32
– 3	9	– 9	4,5	18
– 2	4	– 4	2	8
– 1	1	– 1	0,5	2
0	0	0	0	0
1	1	– 1	0,5	2
2	4	– 4	2	8
3	9	– 9	4,5	18
4	16	– 16	8	32
5	25	– 25	12,5	50

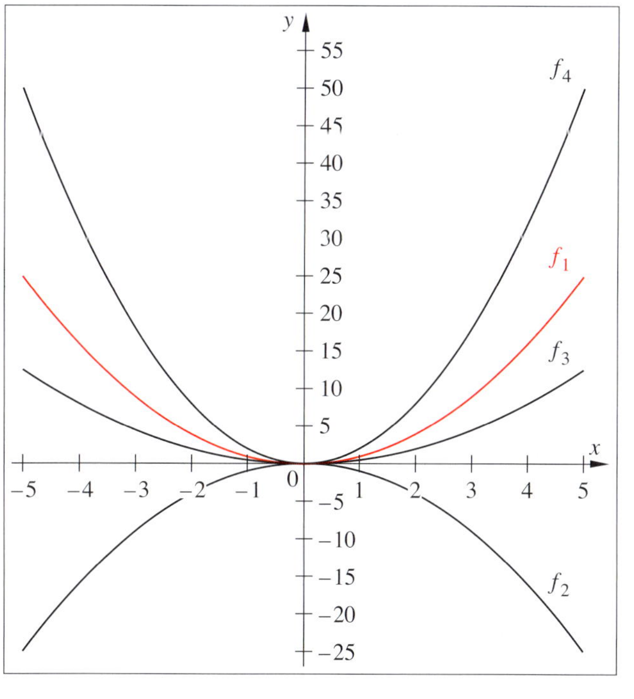

2. Funktionen der Form $f(x) = x^2 + c$:

$f(x) = ax^2 + bx + c$ $a = 1$ $b = 0$				
x	$c = 0$ $f_1(x)$	$c = 5$ $f_2(x)$	$c = -10$ $f_3(x)$	$c = 10$ $f_4(x)$
−5	25	30	15	35
−4	16	21	6	26
−3	9	14	−1	19
−2	4	9	−6	14
−1	1	6	−9	11
0	0	5	−10	10
1	1	6	−9	11
2	4	9	−6	14
3	9	14	−1	19
4	16	21	6	26
5	25	30	15	35

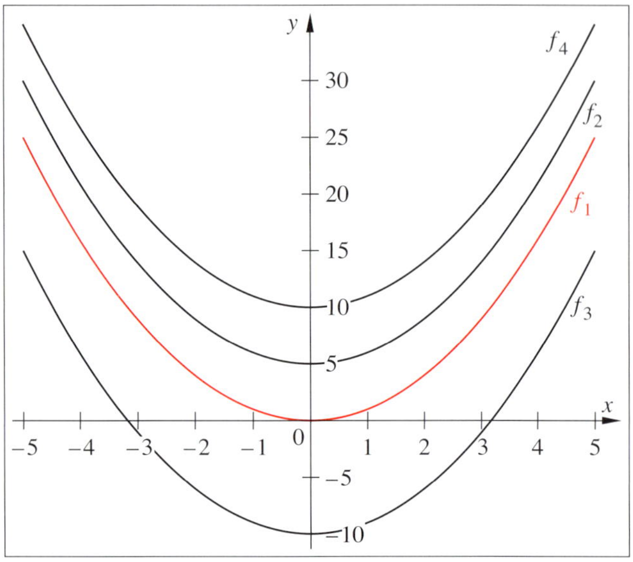

3. Funktionen der Form $f(x) = (x - s_1)^2$:

$f(x) = a(x - s_1)^2 + s_2$ $a = 1$ $s_2 = 0$				
x	$s_1 = 0$ $f_1(x)$	$s_1 = 2$ $f_2(x)$	$s_1 = -2$ $f_3(x)$	$s_1 = 4$ $f_4(x)$
−5	25	49	9	81
−4	16	36	4	64
−3	9	25	1	49
−2	4	16	0	36
−1	1	9	1	25
0	0	4	4	16
1	1	1	9	9
2	4	0	16	4
3	9	1	25	1
4	16	4	36	0
5	25	9	49	1

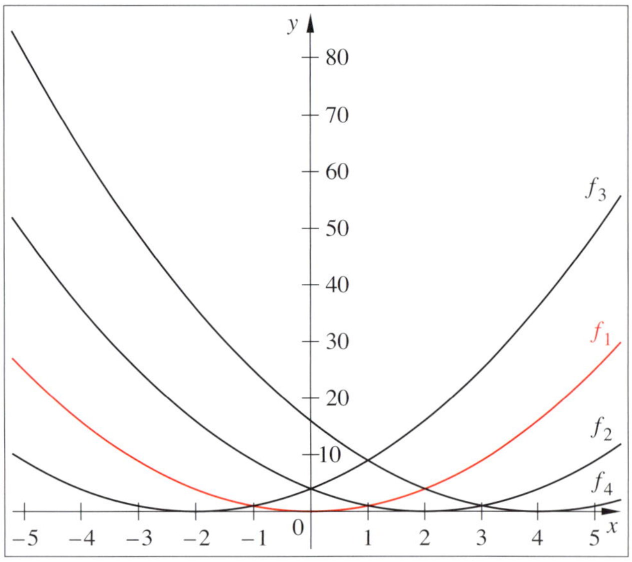

4. Funktionen der Form $f(x) = a(x - s_1)^2 + s_2$:

$f(x) = a(x - s_1)^2 + s_2$				
x	$a = 1$ $s_1 = 0$ $s_2 = 0$ $f_1(x)$	$a = -1$ $s_1 = 2$ $s_2 = 50$ $f_2(x)$	$a = 1$ $s_1 = 3$ $s_2 = 100$ $f_3(x)$	$a = -1$ $s_1 = -3$ $s_2 = -50$ $f_4(x)$
−15	225	−239	424	−194
−12	144	−146	325	−131
−9	81	−71	244	−86
−6	36	−14	181	−59
−3	9	25	136	−50
0	0	46	109	−59
3	9	49	100	−86
6	36	34	109	−131
9	81	1	136	−194
12	144	−50	181	−275
15	225	−119	244	−374

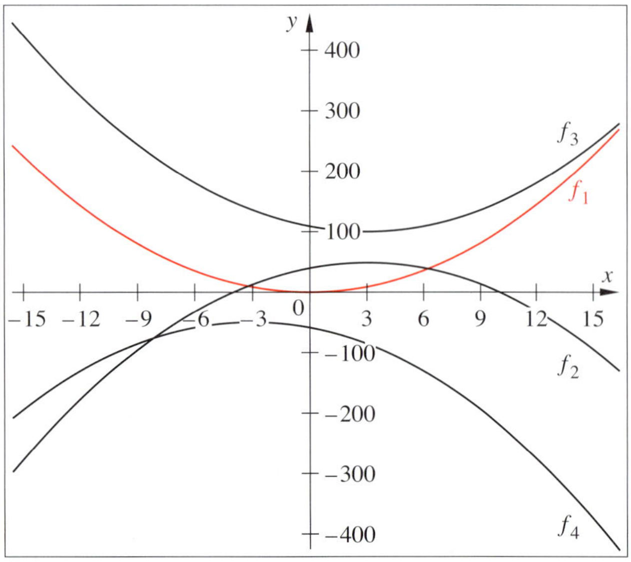

AUFGABEN QUADRATISCHE FUNKTIONEN

Bestimme die Koordinaten des Scheitelpunktes folgender quadratischer Funktionen:

1. a) $f(x) = -x^2 - 5$
b) $f(x) = 5x - 5x^2$
c) $f(x) = -3x^2$
d) $f(x) = 5x^2 + x - 1$
e) $f(x) = x^2 - 2x - 3$
f) $f(x) = -2x^2 - 5x + 5$
g) $f(x) = 4x^2 + 5$
h) $f(x) = 2x^2 + 4x - 5$
i) $f(x) = 4x^2 - 4x - 5$
j) $f(x) = -5x^2 - 2x - 5$
k) $f(x) = -x^2 + 4x$
l) $f(x) = x^2 - 3x - 3$
m) $f(x) = x^2 - 2x - 4$
n) $f(x) = -3x^2 - 3x - 3$
o) $f(x) = 2x^2 - 4x + 3$

2. a) $f(x) = x^2 - 3x - 4$
b) $f(x) = -2x^2 - 3x - 2$
c) $f(x) = x^2 + 5x + 1$
d) $f(x) = -5x^2 + 3x - 4$
e) $f(x) = 2x - 2x^2 - 4$
f) $f(x) = 5x^2 - 2x - 4$
g) $f(x) = 4x^2 - 2x + 5$
h) $f(x) = 2(x^2 - x + 2)$
i) $f(x) = 7x^2 - 14x + 12$
j) $f(x) = 5x^2 - x + 3$
k) $f(x) = 2x - x^2 - 4$
l) $f(x) = 3x - 3x^2 - 4$
m) $f(x) = 2x(x + 1) + 1$
n) $f(x) = 4(x^2 + x - 1)$
o) $f(x) = 3 + 2x - 2x^2$

3. a) $f(x) = 7x^2 - 14x + 12$
b) $f(x) = 6x^2 + 24x + 20$
c) $f(x) = 3x^2 - 48x + 188$
d) $f(x) = 8x^2 + 24x + 22{,}5$
e) $f(x) = -3x^2 - 24x - 51$
f) $f(x) = 5x^2 - 30x + 52$
g) $f(x) = 9x^2 - 18x + 11$
h) $f(x) = -x^2 - 10x - 17$
i) $f(x) = 2x^2 + 16x + 36$
j) $f(x) = 3x^2 - 12x + 14$
k) $f(x) = x^2 - 6x + 18$
l) $f(x) = 4x^2 + 8x + 1$
m) $f(x) = 11x^2 + 44x + 37$
n) $f(x) = 0{,}5x^2 - 5x + 9{,}5$
o) $f(x) = 7x^2 - 14x + 17$

4. Gib für die folgenden Funktionen $f(x) = ax^2 + bx + c$, deren Graphen dargestellt sind, die Werte für a, b und c an.

a)
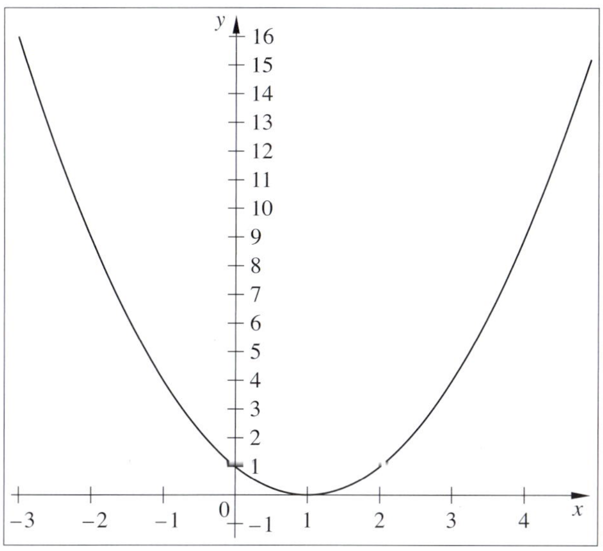

b)
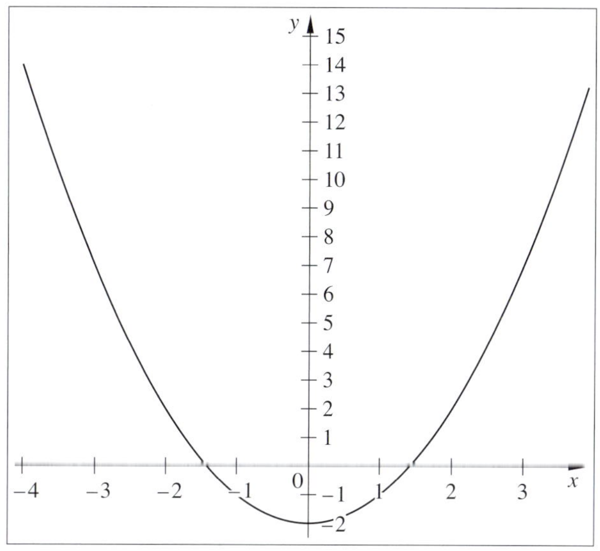

c)
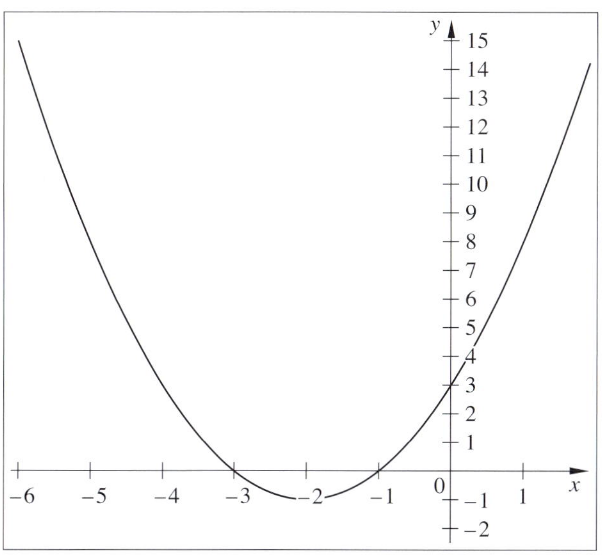

d)
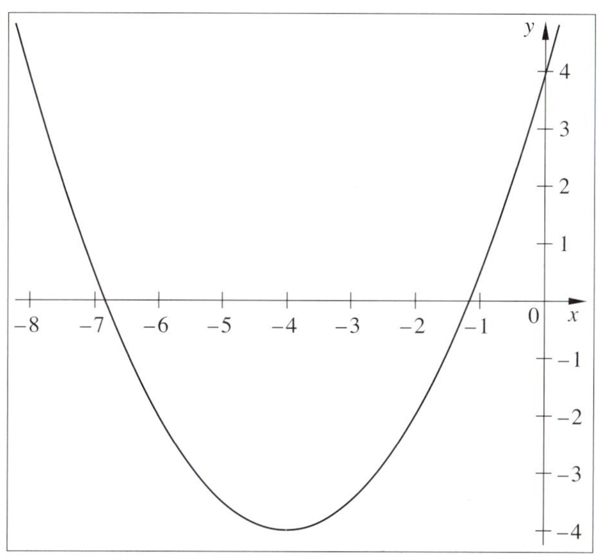

Potenzen und *n*-te Wurzeln

DEFINITIONEN UND RECHENREGELN POTENZEN

Multipliziert man eine Zahl $x \in \mathbb{R}$ n-mal mit sich selbst, so nennt man das Ergebnis „**n-te Potenz von x**".

Man schreibt:

$x \cdot x \cdot \ldots \cdot x = x^n$. Dabei nennt man **$n$** den **Exponenten** und **x** die **Basis.**

Für negative Exponenten definiert man: $x^{-n} = \frac{1}{x^n}$; wobei $x \neq 0$ sein muss, da die Division durch 0 nicht definiert ist!

Steht im Exponenten eine 0, so definiert man: $x^0 = 1$.

Rechenregeln für Potenzen:

1. $a \cdot x^n + b \cdot x^n = (a + b) \cdot x^n$ **und** $a \cdot x^n - b \cdot x^n = (a - b) \cdot x^n$

Beachte:

Nur Potenzen mit sowohl gleicher Basis als auch gleichem Exponenten können in dieser Form addiert bzw. subtrahiert werden. Dabei findet das Distributivgesetz Anwendung.

$2x^2 + 3x^2 = (2 + 3)\,x^2 = 5x^2$;
$5a^4 + 7a^4 = (5 + 7)\,a^4 = 12a^4$;
$2 \cdot 10^n + 4 \cdot 10^n = (2 + 4) \cdot 10^n = 6 \cdot 10^n$;
$9y^3 - 6y^3 = (9 - 6)\,y^3 = 3y^3$

2. $x^n \cdot x^m = x^{(n+m)}$ **und** $x^n : x^m = x^{(n-m)}$, denn:

$$x^n \cdot x^m = \underbrace{(x \cdot x \cdot \ldots \cdot x)}_{n\text{-mal}} \cdot \underbrace{(x \cdot x \cdot \ldots \cdot x)}_{m\text{-mal}} = \underbrace{(x \cdot x \cdot \ldots \cdot x)}_{(n+m)\text{-mal}}$$
$$= x^{(n+m)}$$

oder mit $n > m$:

$$x^n \cdot x^{(-m)} = \underbrace{(x \cdot x \cdot \ldots \cdot x)}_{n\text{-mal}} \cdot \underbrace{\left(\tfrac{1}{x} \cdot \tfrac{1}{x} \cdot \ldots \cdot \tfrac{1}{x}\right)}_{m\text{-mal}}$$
$$= \underbrace{\left(\tfrac{x}{x} \cdot \tfrac{x}{x} \cdot \ldots \cdot \tfrac{x}{x}\right)}_{m\text{-mal}} \cdot \underbrace{(x \cdot x \cdot \ldots \cdot x)}_{(n-m)\text{-mal}}$$
$$= x^{(n-m)}$$

$x^2 \cdot x^3 = x^5$;
$2^3 \cdot 2^4 = 2^7 = 128$;
$u^{(-1)} \cdot u^{(-3)} = u^{(-4)}$;
$3^{(-2)} \cdot 3^3 = 3^1 = 3$;
$y^{(-5)} \cdot y^5 = y^0 = 1$

3. $(x^n)^m = x^{(n \cdot m)}$, denn:

$$(x^n)^m = \underbrace{(x \cdot x \cdot \ldots \cdot x)^m}_{n\text{-mal}} = \underbrace{\underbrace{(x \cdot x \cdot \ldots \cdot x)}_{n\text{-mal}} \cdot \ldots \cdot \underbrace{(x \cdot x \cdot \ldots \cdot x)}_{n\text{-mal}}}_{m\text{-mal}}$$
$$= \underbrace{(x \cdot x \cdot \ldots \cdot x)}_{(n \cdot m)\text{-mal}}$$
$$= x^{(n \cdot m)}$$

oder mit $n > m$:

$$(x^n)^{(-m)} = \underbrace{\frac{1}{\underbrace{(x \cdot x \cdot \ldots \cdot x)}_{n\text{-mal}}} \cdot \ldots \cdot \frac{1}{\underbrace{(x \cdot x \cdot \ldots \cdot x)}_{n\text{-mal}}}}_{m\text{-mal}}$$
$$= \frac{1}{\underbrace{(x \cdot x \cdot \ldots \cdot x)}_{n \cdot m\text{-mal}}}$$
$$= x^{-(n \cdot m)}.$$

$(x^2)^{(-1)} = x^{-2}$;
$(z^3)^2 = z^6$;
$(3^{-2})^2 = 3^{-4} = \frac{1}{81}$;
$(u^{(-4)})^{(-5)} = u^{-(-20)} = u^{20}$;
$(y^5)^{(-2)} = y^{(-10)}$

4. $\boldsymbol{a^n \cdot b^n = (ab)^n}$ **und** $\boldsymbol{a^n : b^n = \left(\frac{a}{b}\right)^n}$, denn:

$$a^n \cdot b^n = \underbrace{(a \cdot a \cdot \ldots \cdot a)}_{n\text{-mal}} \cdot \underbrace{(b \cdot b \cdot \ldots \cdot b)}_{n\text{-mal}} = \underbrace{(ab \cdot ab \cdot \ldots \cdot ab)}_{n\text{-mal}}$$
$$= (ab)^n$$

$x^2 \cdot y^2 = (xy)^2$;
$a^{-4} \cdot b^{-4} = (ab)^{-4}$;
$u^n : v^n = \left(\frac{u}{v}\right)^n$;
$2^2 \cdot 4^2 = 8^2 = 64$
$4^2 \cdot 2^{(-2)} = 4^2 \cdot \left(\frac{1}{2}\right)^2 = \left(\frac{4}{2}\right)^2 = 2^2 = 4$

Die n-te Potenz eine negative Zahl ist genau dann auch negativ, wenn der Exponent ungerade ist.

5. $\boldsymbol{(-x)^{2n} = x^{2n}}$ **und** $\boldsymbol{(-x)^{2n-1} = -(x^{2n-1})}$ **für** $\boldsymbol{x > 0}$ **und** $\boldsymbol{n \in \mathbb{N}}$

Denn für $2n$ gilt z. B.:
$$(-x)^{2n} = (-1)^{2n} \cdot x^{2n} = ((-1)^2)^n \cdot x^{2n}$$
$$= 1^n \cdot x^{2n}$$
$$= x^{2n}$$

$(-x)^6 = x^6$
$(-5)^7 = -(5^7)$
$(-z)^{-4} = z^{-4}$

DEFINITIONEN UND RECHENREGELN *n*-TE WURZELN

Eine Zahl $y \in \mathbb{R}$ heißt „***n*-te Wurzel von *x***“, wenn gilt: $\boldsymbol{y^n = x}$.

Man schreibt: $\sqrt[n]{x} = y$ oder $x^{\frac{1}{n}} = y$.

Der Radikant x ist definitionsgemäß positiv.

Es gilt: $\sqrt[n]{x^m} = (x^m)^{\frac{1}{n}} = x^{\frac{m}{n}} = (x^{\frac{1}{n}})^m = \left(\sqrt[n]{x}\right)^m$ für $n \neq 0$.

Es gelten ganz allgemein für rationale Zahlen r und s als Exponenten die selben **Rechenregeln** wie oben beschrieben:

1. $\boldsymbol{x^r \cdot x^s = x^{r+s}}$
2. $\boldsymbol{x^r : x^s = x^{r-s}}$
3. $\boldsymbol{(x^r)^s = x^{rs}}$
4. $\boldsymbol{(x \cdot y)^r = x^r \cdot y^r}$
5. $\boldsymbol{(x : y)^r - \left(\frac{x}{y}\right)^r - \frac{x^r}{y^r}}$

$\sqrt[2]{2^3} \cdot \sqrt[4]{2^{10}} = 2^{\frac{3}{2}} \cdot 2^{\frac{10}{4}} = 2^{\left(\frac{3}{2} + \frac{10}{4}\right)} = 2^{\frac{16}{4}} = 2^4 = 16$;
$\sqrt[3]{2^2} : \sqrt[6]{2^3} = 2^{\frac{2}{3}} : 2^{\frac{3}{6}} = 2^{\left(\frac{3}{2} - \frac{3}{6}\right)} = 2^{\frac{1}{6}} = \sqrt[6]{2}$;
$\sqrt[8]{\left(\sqrt[3]{x^2}\right)^9}\ (x^{\frac{2}{3}})^{\frac{9}{8}} = x^{\left(\frac{2}{3} \cdot \frac{9}{8}\right)} = x^{\frac{3}{4}} = \sqrt[4]{x^3}$;
$(1{,}25)^{\frac{1}{3}} \cdot 10^{\frac{2}{3}} = (1{,}25)^{\frac{1}{3}} \cdot (10^2)^{\frac{1}{3}} = (1{,}25)^{\frac{1}{3}} \cdot 100^{\frac{1}{3}} = 125^{\frac{1}{3}}$
$= \sqrt[3]{125} = 5$

AUFGABEN POTENZEN UND *n*-TE WURZELN

Bestimme folgende Potenzen oder fasse zusammen.
Beachte die Vorzeichen.

Beispiele: $(-3)^4 = (-3)(-3)(-3)(-3) = 3^4 = 81$;
$(-3)^3 = (-3)(-3)(-3) = -3^3 = -27$

1. a) $(-4)^2 + (-3)^3$
b) $(-xy)^3$
c) $(-ax)^4$
d) $(-mno)^2$
e) $(-3)^4 - 8^2$
f) $-2^3 - (-3)^2$
g) $(-3a)^2 - 4a^2$
h) $(2b)^2 - 3b^2$
i) $(-4u)^2 - (3u)^2$
j) $(-3m)^2 + (-m)^2$
k) $(-2a)^3 - (-3a)^3$
l) $4\left(-\frac{1}{2}\right)^2 + (-2)^3$
m) $10\left(-\frac{1}{2}\right)^3 + 5\left(-\frac{1}{4}\right)^2$
n) $\left(-\frac{3}{4}\right)^2 + \left(-\frac{1}{2}\right)^3$
o) $5\left(\frac{1}{9}\right)^2 - 3\left(-\frac{2}{3}\right)^3$
p) $4\left(-\frac{3}{4}\right)^3 + 5\left(\frac{1}{2}\right)^5$

Addiere oder subtrahiere folgende Potenzterme.

Beispiele: $7x^2 + 3x^2 + 5x^2 = 15x^2$;
$12y^3 - 4y^3 - y^3 = 7y^3$;
$5a^2 + 3{,}2a^2 - 4{,}4a^2 = 3{,}8a^2$;
$\frac{1}{3}ab^2 + \frac{1}{6}ab^2 = \frac{2+1}{6}ab^2 = \frac{1}{2}ab^2$

2. a) $3a^2b + 5a^2b - a^2b$
b) $5mn^2 - 10mn^2 + 6mn^2$
c) $5p^3 + 6p^3 - 4p^3$
d) $15x^2y^3 - 8x^2y^3 + 4x^2y^3$
e) $4{,}9a^2 + 2{,}6a^2 - 0{,}5a^2$
f) $8{,}8xy^2 - 2{,}2xy^2 - 1{,}6xy^2$
g) $\frac{1}{2}rs^2 + \frac{5}{6}rs^2 - \frac{3}{4}rs^2$
h) $\frac{1}{6}x^3y + \frac{2}{3}x^3y + \frac{5}{12}x^3y$
i) $5\frac{2}{3}r^5x - 2\frac{4}{9}r^5x + 3\frac{5}{6}r^5x$
j) $4\frac{1}{6}m^3n - 5\frac{3}{8}m^3n + 5\frac{1}{4}m^3n$
k) $4a^2b^3 - (2a^2b^3 - 7a^2b^3 - a^2b^3)$
l) $7x^3y - 3x^3y - (x^3y - 10x^3y)$
m) $5m^4n^3 + 3m^4n^3 - (4m^4n^3 + 2m^4n^3) + 6m^4n^3$
n) $6xy^4 - (7xy^4 - 12xy^4 + 3xy^4) + xy^4$
o) $14{,}4a^5b - 4{,}2a^5b - (0{,}8a^5b + 2{,}6a^5b)$
p) $7{,}7x^2y^4 + 3{,}5x^2y^4 - (1{,}2x^2y^4 - 7x^2y^4) + 4x^2y^4$

3. a) $3 \cdot 2^2 + 4 \cdot 2^2 + 2^2$
b) $5 \cdot 3^3 - 2 \cdot 3^3 - 3^3$
c) $7 \cdot 4^5 - 5 \cdot 4^5 - 2 \cdot 4^5$
d) $8(-2)^3 - 3(-2)^3 - (-2)^3$
e) $7ax^2 + 5a^2 - 3ax^2 + 3a^2$
f) $5m^2n - 3n^2 - 2m^2n + 6n^2$
g) $6a^2b^3 - b^3 + 3a^2b^3 - 2b^3$
h) $2x^2y^4 + 6y^4 + 4x^2y^4 + 3y^4$
i) $12a^4b^3 - b^3 + 3a^4b^3 + 6b^3$
j) $9xy^3 - 8x + 3xy^3 - 4x$
k) $15m^3n^2 - 4n^2 + 10m^3n^2 - 6n^2$
l) $14r^3s^4 + 15s^3 - 7r^3s^4 - 8s^3$

Multipliziere folgende Potenzterme.

Beispiele: $4x^2 \cdot x^5 = 4 \cdot x^{2+5} = 4x^7$;
$3a^2b \cdot 2a^5b^2 = 6a^7b^3$

4. a) $x^2 \cdot x \cdot x^4$
b) $4a \cdot 2a^3 \cdot a^2$
c) $5u^3 \cdot 2u \cdot 3u^4$
d) $2m^5 \cdot 3m \cdot 4m^2$
e) $-3n^7 \cdot 5n^3 \cdot n$
f) $4x^2y \cdot 3xy^2$
g) $6a^2b^3 \cdot 2ab$
h) $2{,}5xy^3 \cdot 4x^2y$
i) $7u^2v^5 \cdot 3uv^2$
j) $10m^5n^2 \cdot 4mn$
k) $-4x^2y^5 \cdot (-3x^3y^4)$
l) $8a^7b \cdot (-a \cdot b^2)$

5. a) $4x^2(x^2 - 3)$
b) $(a^2 - 3)a^4$
c) $m^4(1 - 6m)$
d) $x^{3a} \cdot x^{4a}$
e) $x^{n+1} \cdot x^{n-1}$
f) $m^{3x+4} \cdot m^{2x-3}$
g) $3a^{4-5y} \cdot 4a^{2-3y}$
h) $7x^{2a-3} \cdot 3x^{a+3}$
i) $a^{3b-5} \cdot 2a^{5-3b}$
j) $4n^{3x-a} \cdot 2n^{x+a}$
k) $7m^{2a-b} \cdot 6m^{3a+2b}$
l) $3(a-x)^{4m-n} \cdot 2(a-x)^{m+n}$

Dividiere folgende Potenzterme.

Beispiele: $x^5 : x^3 = x^{5-3} = x^2$;
$(a-b)^4 : (a-b) = (a-b)^3$

6.
a) $a^5 : a^3$
b) $m^3 : m^5$
c) $(a+b)^7 : (a+b)^5$
d) $(4x^2 \cdot y^4) : (2x \cdot y^3)$
e) $(8u^7 \cdot v) : (4u^6 v)$
f) $(16x^5 y^3) : (4x^3 y^2)$
g) $(12a^3 b^2 c) : (a^3 b^2 c)$
h) $(3m^4 n^2) : (m^3 n)$
i) $\frac{2a}{7b} : \frac{a}{14b}$
j) $\frac{9x}{10y} : \frac{3x}{2y}$
k) $\frac{6(a-b)}{a+b} : \frac{a-b}{2(a+b)^2}$
l) $\left(\frac{x}{y}\right)^{-1} : \left(\frac{2x}{y}\right)^2$

7.
a) $\frac{5x^2}{7y} : \frac{21y^2}{15x}$
b) $\frac{4a^3}{9b^2} : \frac{2a^2}{3b}$
c) $\frac{15a^2b^2}{8xy} : \frac{5ab}{2xy}$
d) $\left(\frac{4m}{3n}\right)^3 : \left(\frac{5m}{6n}\right)^2$
e) $\frac{3(a+b)^3}{2(a-b)^2} : \frac{2(a+b)^2}{a-b}$
f) $\frac{m^5}{a^2} : \frac{m^2 x}{a^2 x^4}$
g) $\frac{6(a-b)^2}{7(a+b)} : \frac{3(a-b)^3}{14(a+b)}$
h) $\frac{(x-n)^3}{(x+n)^2} : \frac{(x-n)^3}{(x+n)^3}$
i) $\frac{(u+v)^3}{(u+v)^{-2}} : \frac{(u+v)^8}{(u+v)^2}$
j) $\frac{(2a+b)^2}{(a-b)^4} : \frac{2a+b}{(a-b)^5}$
k) $\left(\frac{a}{b}\right)^{-3} : \left(\frac{a}{2b}\right)^2$
l) $\left(\frac{2v}{2u}\right)^3 : \left(\frac{u}{v}\right)^{-2}$

Berechne den Wert folgender Potenzen.

Beispiele: $(2^2)^4 = 2^{2 \cdot 4} = 2^8 = 256$;
$(2^2)^{-4} = 4^{-4} = \frac{1}{4^4} = \frac{1}{256}$

8.
a) $(3^2)^3$
b) $(-2^3)^2$
c) $-(2^3)^2$
d) $(-3^2)^2$
e) $[(-4)^2]^2$
f) $(-2)^{-3}$
g) $(-4)^{-2}$
h) $[(-2)^{-2}]^{-2}$
i) $[(-5)^0]^{-4}$
j) $[-(2^3)^2]^1$
k) $[(-2)^2]^3$
l) $[(-2)^2]^{-3}$

Potenziere folgende Terme.

Beispiele: $(x^7)^2 = x^{7 \cdot 2} = x^{14}$;
$(-a)^{-4} = \frac{1}{(-a)^4} = \frac{1}{a^4}$

9.
a) $(a^4)^5$
b) $(x^{-1})^3$
c) $(m^3)^x$
d) $(u^{2+x})^3$
e) $(v^{a+1})^x$
f) $(x^3)^{-2}$
g) $(a^0 \cdot b^4)^2$
h) $\left(\frac{x^2 \cdot y^3}{z^0}\right)^2$
i) $\left(\frac{a^4 \cdot b^3}{c^4}\right)^0$
j) $\left(-\frac{2u^2 \cdot v \cdot w}{3x}\right)^{-2}$
k) $\left(\frac{u^3}{v^4}\right)^{-2} \cdot \left(\frac{2v^2}{u^4}\right)^{-1}$
l) $(m^{x+y})^{x-y}$

Berechne folgende Wurzelterme.

10.
a) $\sqrt{18} \cdot \sqrt{2}$
b) $\sqrt{20} \cdot \sqrt{5}$
c) $\sqrt{8} \cdot \sqrt{2}$
d) $\sqrt{12{,}8} \cdot \sqrt{5}$
e) $\sqrt[3]{2} \cdot \sqrt[3]{4}$
f) $\sqrt[3]{3} \cdot \sqrt[3]{9}$
g) $\sqrt[5]{8} \cdot \sqrt[5]{4}$
h) $\sqrt[5]{128} \cdot \sqrt[5]{8}$
i) $2\sqrt[3]{4} \cdot \sqrt[3]{54}$
j) $2 \cdot \sqrt[3]{3} \cdot \sqrt[3]{9}$
k) $2 \cdot \sqrt[5]{2} \cdot 3 \cdot \sqrt[5]{16}$
l) $4 \cdot \sqrt[4]{3} \cdot 2 \cdot \sqrt[4]{27}$
m) $2\sqrt[3]{4} \cdot 2\sqrt[3]{128}$
n) $2\sqrt[6]{4} \cdot 5\sqrt[6]{16}$
o) $3 \cdot \sqrt[5]{9} \cdot 2\sqrt[5]{27}$
p) $2\sqrt[3]{4} \cdot 4 \cdot \sqrt[3]{54}$

Berechne folgende Wurzelterme.

Beispiel: $\sqrt{9a} - \sqrt{a} = \sqrt{9}\,\sqrt{a} - \sqrt{a} = 3\sqrt{a} - \sqrt{a} = 2\sqrt{a}$

11.
a) $2\sqrt{4x} + 3\sqrt{x}$
b) $\sqrt{25a} - \sqrt{9a}$
c) $4\sqrt{16m} - 3\sqrt{4m}$
d) $\sqrt{9u - 27v}$
e) $\sqrt{36x + 108y}$
f) $\sqrt{121a^2b} \cdot \sqrt{9a^2b}$
g) $\left(\frac{9}{16}\right)^{-\frac{1}{2}}$
h) $\left(\frac{27}{8}\right)^{-\frac{1}{3}}$
i) $\sqrt[m]{a^{2m}}$
j) $\sqrt[x]{\frac{u^{2x}}{v^x}}$
k) $\sqrt[a]{\frac{x^{2a}}{y^{3a}}}$
l) $a^{\frac{1}{6}} \cdot a^{\frac{2}{3}}$
m) $\sqrt[3]{u} : \sqrt[3]{u^2}$
n) $\sqrt{\sqrt{a}}$
o) $\sqrt{a\sqrt{a\sqrt{a}}}$
p) $\sqrt{3\sqrt{3\sqrt{3}}}$

S. 2 AUFGABEN RATIONALE ZAHLEN

1. a) 0,5 b) 0,5 c) 4,5 d) 0,32 e) 2,2 f) 7,8 g) 32,8 h) 17,375 i) $8,\overline{3}$ j) $19,\overline{90}$
k) $\frac{1}{5}$ l) $\frac{21}{25}$ m) $\frac{1}{200}$ n) $1\frac{1}{4}$ o) $4\frac{1}{8}$ p) $10\frac{7}{8}$ q) $5\frac{31}{40}$ r) $\frac{1}{8}$ s) $\frac{1}{3}$ t) $1\frac{1}{30}$

2. a) $<$ b) $<$ c) $>$ d) $>$ e) $>$ f) $>$ g) $>$ h) $>$ i) $>$ j) $<$ k) $<$ l) $=$ m) $<$ n) $=$

3. a) 2 b) $1\frac{1}{5}$ c) $1\frac{1}{2}$ d) 3 e) $\frac{11}{12}$ f) $1\frac{1}{8}$ g) $1\frac{7}{30}$ h) $\frac{4}{9}$ i) $\frac{19}{20}$ j) $\frac{7}{15}$
k) $\frac{2}{9}$ l) $\frac{1}{10}$ m) $1\frac{1}{6}$ n) $\frac{1}{12}$ o) $\frac{11}{40}$ p) $\frac{19}{56}$ q) $1\frac{25}{36}$ r) $10\frac{1}{4}$ s) $\frac{1}{4}$ t) 0

4. a) $4\frac{1}{4}$ b) $7\frac{7}{8}$ c) $6\frac{1}{10}$ d) $2\frac{1}{2}$ e) $2\frac{3}{4}$ f) $\frac{7}{12}$ g) $1\frac{19}{24}$ h) $1\frac{17}{30}$
i) $4\frac{1}{2}$ j) $1\frac{1}{8}$ k) $1\frac{5}{9}$ l) $6\frac{1}{2}$ m) 2 n) $9\frac{21}{40}$ o) $6\frac{5}{18}$ p) $3\frac{7}{30}$

5. a) $\frac{1}{2}$ b) $1\frac{3}{5}$ c) $-1\frac{2}{3}$ d) $\frac{2}{3}$ e) 1 f) 1 g) 9 h) $-3\frac{8}{9}$
i) 8 j) $-\frac{1}{3}$ k) 1 l) $\frac{5}{12}$ m) $\frac{4}{9}$ n) 13 o) $3\frac{9}{11}$ p) 2

6. a) $\frac{1}{2}$ b) $\frac{19}{21}$ c) $1\frac{23}{24}$ d) $5\frac{29}{30}$ e) $-2\frac{19}{24}$ f) $4\frac{2}{5}$ g) $5\frac{13}{25}$ h) $4\frac{1}{2}$ i) $1\frac{5}{8}$
j) $\frac{7}{18}$ k) 1 l) 9 m) $2\frac{3}{4}$ n) $16\frac{1}{4}$ o) $\frac{13}{20}$ p) $1\frac{1}{4}$ q) 2 r) 4

7. a) 1 b) -10 c) 1 d) 0,5 e) 8,4 f) -4 g) 10 h) 4,5 i) 0 j) $-\frac{1}{5}$ k) $-2\frac{1}{3}$ l) 1

S. 4/5 AUFGABEN DREISATZ

1. 625 km
2. 3,5 h
3. 4,25 €
4. 35,90 €
5. 17,5 m
6. 7,96 €
7. 4,5 h
8. 70 l
9. 106,8 kg
10. 34,30 €; 3,92 €
11. 2480 l
12. 2430 Dollar
13. 25
14. 48 350 €
15. 3
16. 5
17. 768 m^2
18. 36
19. 2700 m^3
20. 43 cm^2
21. 2 h
22. 65 kg
23. 500
24. 8
25. 2
26. 4 h
27. 1008 l
28. 1368 t
29. 18 kW
30. 120 h
31. 20,25 €
32. 27

S. 7/8 AUFGABEN PROZENT- UND ZINSRECHNUNG

1. 10%; 20%; 40%; 25%; 5%; 0%
2. 68%; 32%
3. 12%
4. 18 290 €
5. 20%
6. 9,5%
7. 312 €
8. 1980 €
9. 5%
10. 2125 €
11. 11,48 €
12. 135 000 €
13. 10%
14. 24 675,50 €
15. 6%
16. 38,69 m^2
17. 38
18. a) 1,25% b) 1,5 m
19. a) 8,64 € b) 423,36 €
20. 154,63 €
21. 8%
22. 6%
23. 190 €
24. 91,2%
25. 360 €
26. 1312,50 €
27. 90 000 €
28. 2 Monate 12 Tage
29. 3,5 Jahre
30. 11,5%
31. 2118,76 €
32. 12,5%; 5%
33. 43,75 €
34. 8%
35. 17,94 m^3
36. 40%
37. a) 39 081,25 € b) 32 500 €
38. 35 000 €
39. 7800 €
40. 927,41 €
41. 5,3 m^2
42. 14,3%
43. 911,99 €
44. 3,98 €
45. 20%
46. 875 €
47. 134 400 €

S. 11/12 AUFGABEN TERME

1.
a) $3a+2b$
b) $3(c-d)$
c) $2(u+v)$
d) $4(x+5y)$
e) $5(3k+m-2n)$
f) $2{,}4(m+n)$
g) $\frac{1}{3}(4a+5b)$
h) $\frac{3}{5}c-\frac{1}{2}d+\frac{2}{3}e$
i) $0{,}9x+1{,}2y+1{,}8z$
j) $\frac{3}{8}(\frac{1}{2}a+\frac{1}{2}b-c)$
k) $14a-2b+c$
l) $\frac{1}{12}(22u-36v-9)$
m) $4\frac{3}{4}a-1\frac{1}{2}b+1\frac{1}{8}c$
n) $5x+3y+6z$
o) $x(5\frac{1}{8}a+1\frac{1}{3}b+3\frac{5}{9}c)$
p) $4xy+4\frac{1}{6}xz-4\frac{5}{6}yz$
q) $8\frac{1}{3}r^2+4\frac{1}{4}s^2-1\frac{3}{8}t^2$
r) $6a^2+2\frac{1}{2}b^2+\frac{1}{8}c^2$

2.
a) $2\frac{1}{2}a+6$
b) $3(3u+4)$
c) $2(2u^2+3)$
d) $3x+28$
e) $10a$
f) $25(3s-t)$
g) $7(a+3b)$
h) $-(a+11b)$
i) $2(2u-3w)$
j) $2(m+n)$
k) $4(2x-5y)$
l) $13(uv-2vw-3wz)$
m) $2(5x-3y-2z)$
n) $5{,}2(x+y+z)$
o) $15\frac{1}{2}x-7\frac{1}{3}y+z$
p) $2\frac{3}{10}m-14n$
q) $8(x-3)$
r) $m-10n$

S. 11/12

3. a) $4a+4b$ b) $6x-6y$ c) $mx+nx$ d) $3u-uv$ e) $2u^2+2uv$ f) $10x+5y$ g) $21a^2-14ab$ h) $3m^2+3mn$ i) $2{,}4a^3-12a^2$ j) $2x-6y$ k) $2-k$ l) $15a-10b+20c$ m) $-30x+4y-16z$ n) $6am-6bm+12cm$ o) $100u-60v+30w$ p) $18m^2-9mn-24m^2n$ q) $8x+12y-2z$ r) $\frac{2}{3}a-\frac{5}{8}b-\frac{1}{16}c$

4. a) $9x+7y$ b) $-2x-5y$ c) $6a-3b$ d) $6u-15v+21w$ e) $23x+10y$ f) $3u^2-3uv+11v^2$ g) $-11m^2-48m-29mn$ h) $-6x-43$ i) $-2x^2-xy+y^2$

5. a) $am-an+bm-bn$ b) $4a^2-10ab-6b^2$ c) $3du-3dv-2cu+2cv$ d) $15mx-20nx-9my+12ny$ e) $3a^2-8{,}5ab+6b^2$ f) $-3x^2-8xy-5y^2$ g) $4x^2-6xy+2y^2$ h) $21-8s-5s^2$ i) $-10r^2+rs+3s^2$ j) $21u^2-54uv+24v^2$ k) $5{,}76a^2+4{,}52ab-3{,}08b^2$ l) $0{,}75x^2-2{,}5xy+0{,}75y^2$ m) $5m^2+13{,}65mn+8{,}82n^2$ n) $5{,}76r^2+8{,}04rs+0{,}48s^2$ o) $\frac{1}{6}a-\frac{1}{6}ab+\frac{2}{5}b-\frac{2}{5}b^2$ p) $\frac{3}{4}u^2-\frac{1}{5}uv-\frac{1}{5}v^2$ q) $-\frac{1}{2}m^2-\frac{145}{144}mn-\frac{1}{2}n^2$ r) $\frac{1}{10}s^2-\frac{107}{224}st-\frac{15}{28}t^2$

6. a) $3ax+6ay+bx+2by+2cx+4cy$ b) $2ax-2ay-2az-2bx+2by+2bz$ c) $-2ux-4uy+3uz-6vx-12vy+9vz$ d) $mx+2my+3mz+nx+2ny+3nz$ e) $6a^2+13ab-3ac+bc-5b^2$ f) $-10r^2+12{,}5rs+15s^2+12rt+9st$ g) $9a^2-9ab-27ac-28b^2+52bc+8c^2$ h) $9x^2-6xy+33xz-35y^2+67yz-12z^2$ i) $-1{,}5m^2-25mn+14{,}5mp-44n^2+48np-13p^2$

7. a) $10r^2-14rs+6r-6s+s^2$ b) $12a^2+6ab+6b^2$ c) $2x^2+10xy-14y^2$ d) 0 e) $36n^2+26n-5$ f) $28x^2+39xy+5y^2$ g) $-3u^2+53uv-16v^2$ h) $-14x^2-11xy+3y^2$ i) $-20a^2-2ab+42b^2-3a+5b$ j) $2x^2-2xy$

8. a) $2(x-y)$ b) $10{,}5(a+b)$ c) $3a(x-y)$ d) $a(x+y)$ e) $12(u+2v)$ f) $13x(2y-z)$ g) $2a(4x-y)$ h) $3a(3x+y)$ i) $7(x-y+z)$ j) $2a(x+y+2z)$ k) $3(a-5b+3c)$ l) $2a(2b+3c-d)$ m) $-5x(u-3v+2z)$ n) $4a(2x-y-4z)$ o) $11m(2p+q-3r)$ p) $\frac{3}{4}b(x-y+z)$ q) $\frac{1}{3}a(b+\frac{7}{12}c)$ r) $\frac{1}{2}x(u-\frac{1}{4}v+\frac{3}{2}z)$

9. a) $9(a+b)$ b) $(u-v)(x-y)$ c) $(3m-n)(a-b)$ d) $(3-r)(x-1)$ e) $(a-2b)(5u+v)$ f) $(3u+v)(2x-1)$ g) $(7m-n)(4a-b)$ h) $(8m-n)(7a-4b)$ i) $(2u-3v)(3x+7y)$ j) $2(x-y)(a+3b)$ k) $(a-3b)(11m-8n)$ l) $(3r-s)(22a-5b)$ m) $(m-n)(25x+6y)$ n) $(x-y)(3a+b-2)$ o) $(6m-n)(2u-7v-1)$ p) $(x-8y)(30-11a)$ q) $(2a-3b)(30m+3n-1)$ r) $(u+2v)(12r-9s-1)$

10. a) $(a+b)(x+y)$ b) $5(m+n)$ c) $(a+1)(x+y)$ d) $(m+1)(3a-v)$ e) $(u+3y)(4v-1)$ f) $(2m-a)(u-1)$ g) $(2a+3b)(c-d)$ h) $(2m+n)(5x-y)$ i) $(2m-3n)(n-3v)$ j) $3(r-3s)$ k) $5(x+y)(a+b-c)$ l) $(5m-3n)(2a+3b+c)$ m) $(3r-7)(4u-v+2)$ n) $(b-2a)(3m-6n+p)$

S. 14

AUFGABEN BINOMISCHE FORMELN

1. a) x^2+4x+4 b) $4a^2+12a+9$ c) $16-24u+9u^2$ d) $1+10x+25x^2$ e) $16+16m+4m^2$ f) $1-16u+64u^2$ g) $49-112n+64n^2$ h) $25+30x+9x^2$ i) $9u^2-12uv-4v^2$ j) $25x^2-30xy+9y^2$

2. a) $\frac{1}{9}a^2+\frac{2}{3}ab+b^2$ b) $\frac{1}{16}c^2-\frac{1}{8}cd+\frac{1}{16}d^2$ c) $\frac{9}{16}m^2-3mn+4n^2$ d) $\frac{1}{4}u^2+3uv+9v^2$ e) $\frac{4}{25}c^2+\frac{3}{5}cd+\frac{9}{16}d^2$ f) $\frac{36}{49}m^2-\frac{3}{14}mn+\frac{1}{64}n^2$ g) $\frac{16}{25}x^2+\frac{24}{25}xy+\frac{9}{25}y^2$ h) $\frac{4}{25}a^2-\frac{1}{5}ab-\frac{1}{16}b^2$ i) $6{,}25x^2-5x+1$ j) $25u^2-3\frac{1}{3}uv+\frac{1}{9}v^2$ k) $\frac{4}{9}m^2+1\frac{1}{3}mn+n^2$ l) $64-9\frac{3}{5}v+\frac{9}{25}v^2$

3. a) $a^2-6ab+9b^2$ b) $\frac{16}{25}b^2-1\frac{3}{5}bc+c^2$ c) $m^2+1\frac{1}{2}mn+\frac{9}{16}n^2$ d) $64x^2+8xy+\frac{1}{4}y^2$ e) $\frac{49}{64}u^2-1\frac{1}{20}uv+\frac{9}{25}v^2$ f) $\frac{9}{16}a^2-3a+4$ g) $\frac{1}{9}m^2-\frac{2}{3}mn+n^2$ h) $\frac{4}{49}-2\frac{6}{7}u+25u^2$ i) $\frac{81}{121}x^2-\frac{36}{55}xy+\frac{4}{25}y^2$ j) $\frac{1}{100}a^2-2ab+100b^2$

4. a) x^2-y^2 b) a^2-1 c) $16a^2-4u^2$ d) $25u^2-4v^2$ e) $49r^2-4s^2$ f) $25x^2-20xb+4b^2$ g) $16a^2+16ab+4b^2$ h) $\frac{1}{9}u^2-\frac{4}{15}uv+\frac{4}{25}v^2$ i) $9-49u^2$ j) $25x^2-9y^2$ k) $\frac{1}{4}x^2-4y^2$ l) $\frac{1}{9}-9y^2$

5. a) $\frac{1}{4}a^2-\frac{16}{25}b^2$ b) $\frac{1}{n^2}-m^2$ c) $u^2+v^2+w^2+2(-uv+uw-vw)$ d) $n^2+m^2+l^2+2(-nm-nl+ml)$ e) $25x^2+9y^2+4+2(-15xy-10x+6y)$ f) $4u^2+v^2+9w^2+2(2uv+6uw+3vw)$ g) $u^2+4v^2+1+2(2uv-u-2v)$ h) $4x^2+4y^2+4z^2+2(-4xy-4xz+4yz)$ i) $4a^2+b^2-9c^2+4ab$ j) $49x^2+y+z^2+2(-7xy-7xz+yz)$ k) $l^2+m^2-4n^2-2lm$ l) $\frac{1}{x^2}+x^2+1$

6. a) $(u+w)^2$ b) $(x-y)^2$ c) $(3-8n)^2$ d) $(m+1)^2$ e) $(3a-b)^2$ f) $(2x+3y)^2$ g) $(4a-2b)^2$ h) $(4+x)(4-x)$ i) $(3a-2b)(3a+2b)$ j) $(1-x)(1+x)$ k) $(2b+1)(2b-1)$ l) $(2{,}2u+3v)(2{,}2u-3v)$ m) $(3x-4y)^2$ n) $(\frac{1}{8}a+3b)^2$ o) $(\frac{4}{5}m-\frac{3}{4}n)(\frac{4}{5}m+\frac{3}{4}n)$ p) $(\frac{1}{2}a-3b)^2$ q) $(\frac{2}{3}r-\frac{5}{7}s)(\frac{2}{3}r+\frac{5}{7}s)$ r) $(\frac{1}{a}-9b)(\frac{1}{a}+9b)$ s) $(\frac{1}{4}+2x)^2$ t) $(\frac{1}{n}-2n)^2$

7. a) $(2x+y)^2$ b) $(x-3y)^2$ c) $(2u+3v)^2$ d) $(a-7b)^2$ e) $(3m-n)^2$ f) $(1-2b)(1+2b)$ g) $(4x+2y)^2$ h) $(2u-5v)^2$ i) $(4m+3n)(4m-3n)$ j) $(4x-4y)^2$ k) $(2u+5v)^2$ l) $(\frac{1}{2}x-\frac{1}{2}y)(\frac{1}{2}x+\frac{1}{2}y)$ m) $(\frac{1}{3}x+y)^2$ n) $(\frac{2}{3}x-\frac{1}{3}y)^2$ o) $(\frac{2}{5}m-\frac{1}{2}n)(\frac{2}{5}m+\frac{1}{2}n)$ p) $(25a-15b)^2$

S. 16

AUFGABEN GLEICHUNGEN – UNGLEICHUNGEN

1. a) 5 b) 2 c) 1 d) –2 e) –2 f) –15 g) 17 h) 28 i) –1 j) 17 k) 5 l) –2 m) 17 n) 5 o) –15 p) 28

2. a) {7; 10; 20} b) {–0,5; 3; 7; 10; 20} c) {10; 20} d) {20} e) {–9; –0,5; 3; 7; 10; 20} f) {–11; –9; –0,5; 3; 7; 10} g) {–0,5; 3; 7; 10; 20} h) {3; 7; 10; 20} i) {10; 20} j) { } k) {–11} l) {7; 10; 20} m) {–11; –9; –0,5; 3; 7; 10} n) {–11; –9} o) { } p) { }

3. a) $x>4$ b) $x\leq 2$ c) $x\in\mathbb{N}$ d) { } e) $x<6$ f) $x>10$ g) $x\geq 6$ h) $x>6$ i) $x<3$ j) $x\geq 6$ k) $x>4$ l) $x<2$ m) $x>3$ n) $x>2$ o) $x\in\mathbb{N}$ p) $x\geq 5$

S. 19/22

AUFGABEN ÄQUIVALENTE GLEICHUNGEN

1. a) 4 b) 7 c) 30 d) 27 e) 18 f) 88 g) 7 h) 33 i) 15 j) 21 k) –32 l) –169 m) 24 n) $-\frac{1}{17}$ o) $\frac{3}{4}$ p) $1\frac{4}{5}$

2. a) 5 b) 6 c) 3 d) –12 e) –1 f) $1\frac{1}{2}$ g) 7 h) –1 i) –5 j) 2 k) –9 l) 1 m) 1 n) $-\frac{1}{2}$ o) 5 p) 12 q) 183 r) $2\frac{2}{5}$ s) $3\frac{3}{7}$ t) 9

S. 19/22

3. a) 4 b) 7 c) −2 d) −3 e) −7 f) 2 g) $-6\frac{1}{9}$ h) −0,5 i) 1,5 j) −12 k) 2 l) 5

4. a) 15 b) −2 c) −168 d) 63 e) −4,5 f) 3 g) −16 h) 7 i) 1 j) −1 k) 19 l) 0,5

5. a) 2 b) 3 c) 13 d) 1 e) 5 f) 7,5 g) 9 h) 64 i) 7 j) −3 k) 2,5 l) −6

6. a) 2 b) 4 c) 3 d) 10 e) −1 f) 7 g) 12 h) 6 i) 9 j) 11 k) 5 l) 8

7. a) 4 b) 10 c) 2,5 d) 7 e) 8 f) 11 g) 2 h) −10 i) 3,5 j) $-1\frac{1}{3}$ k) 5 l) −1 m) −3 n) −4,5 o) −1 p) 1,5

8. a) 4 b) 2 c) 5 d) 8 e) 3 f) 7 g) 4 h) 3 i) 3 j) 5 k) 9 l) 6 m) 22 n) 3 o) 1 p) 11

9. a) 3 b) 2 c) 8 d) 6 e) 5 f) 4 g) 2 h) 1 i) 11 j) 9 k) 7 l) 2 m) 10 n) 1

10. a) $2a$ b) $a+b$ c) $c+d$ d) $2m+\frac{1}{2}n$ e) 3 f) 5 g) 5 h) c i) 3 j) $-2a$ k) −2 l) 3 m) −4 n) $-\frac{1}{2}a$ o) $3l$ p) $10c$ q) $-\frac{1}{3}t$ r) $-2w$

11. a) 3 b) 3 c) 2 d) 3 e) 5 f) a g) $\frac{8}{3}u$ h) 6 i) $\frac{1}{2}$ j) $\frac{u+w}{v}$ k) $\frac{3n-m}{2}$ l) 2 m) $a+b$ n) $u-v$ o) $2a+b$ p) $m-2n$ q) a r) $2b$

12. 88
13. 217
14. 11
15. 9
16. 5
17. 56
18. 3
19. 10
20. 50
21. 7
22. 24
23. 5
24. 43
25. 72
26. 93
27. 62
28. 17
29. 45
30. 32
31. 84
32. 4
33. 7
34. 10
35. 7
36. 12
37. 4
38. 20
39. 4
40. 24; 30
41. 4; 10
42. 27 m; 9 m; 243 m²
43. 34 m; 25 m; 850 m²
44. b = 33 cm; h = 15 cm
45. 15 m; 60 m; 900 m²
46. 32 m
47. 12 cm
48. 8 cm; 32 cm
49. 19,5 cm
50. 16 cm; 20 cm
51. 55 cm
52. 20 cm; 16 cm; 22 cm
53. 0,24 m
54. 5%
55. 9 cm
56. 60 m
57. 6 kN
58. 1 m
59. 2,5 h

AUFGABEN QUADRATWURZELN

S. 24

1. a) 12 b) 40 c) 12 d) 84 e) 40 f) 195 g) 209 h) 550

2. a) 8 b) 10 c) 6 d) 9 e) 12 f) 18 g) 25 h) 38

3. a) 12 b) 24 c) 8 d) 12 e) 24 f) 33

4. a) 12 b) 14 c) 10 d) 18 e) 25 f) 24

5. a) 3 b) 2 c) 6 d) 8 e) 15 f) 12 g) 24 h) 13

6. a) 20 b) 16 c) 6 d) 25 e) 0 f) 0

7. a) 2 b) −6 c) 21 d) 32 e) 5 f) 21 g) 5 h) 7 i) 24

8. a) 18 b) 27 c) 50 d) 12 e) 7 f) 17

9. a) 24 b) 22 c) 36 d) 81 e) 8 f) 17 g) 24 h) 21 i) 6

10. a) 14 b) 33 c) 27 d) 12 e) 14 f) 2,5 g) 5,5 h) 2 i) 2 j) 10 k) 12 l) 3

11. a) 4 b) 12 c) 3 d) 7 e) 21 f) 24

S. 26 AUFGABEN FUNKTIONEN (ALLGEMEIN)

1.	a) 5	b) 0	c) 4	d) – 18	e) 19	f) 1,5
2.	a) – 16	b) 0	c) – 13	d) – 20	e) – 1	f) 1
3.	a) 12	b) 16	c) 7,5	d) 0	e) 15	f) 30
4.	a) – 15	b) – 14	c) – 10	d) 1,5	e) – 14,5	f) 0
5.	a) – 23	b) – 19,5	c) 0	d) – 44	e) – 11	f) 3
6.	a) 7	b) 0	c) – 14	d) 52,5	e) 16,1	f) – 7
7.	a) – 5	b) 0	c) 0,2	d) 2	e) 2,9	f) – 2,4
8.	a) 2	b) – 2,25	c) – 2	d) – 4	e) 1,1	f) 0
9.	a) 29,6	b) 30	c) 29	d) 22	e) 31	f) 33
10.	a) – 13	b) 27	c) 5	d) 0	e) 9	f) 20
11.	a) – 15	b) 0	c) 9	d) – 85	e) – 37	f) – 5
12.	a) 24	b) 0	c) 28	d) 32	e) – 6	f) 42
13.	a) 15	b) – 3	c) 10,5	d) 5,5	e) 0	f) – 43,5
14.	a) – 45	b) 19,5	c) 0	d) – 9	e) 21	f) 3
15.	a) 10	b) 0	c) 70	d) 0	e) 4	f) – 2
16.	a) – 4,75	b) 0	c) – 22	d) 0	e) – 36	f) 8
17.	a) 21	b) – 15	c) – 6	d) 1	e) 10	f) – 11
18.	a) 12	b) – 4	c) 0	d) 0	e) – 3	f) 5
19.	a) 182	b) 2	c) 0	d) 0	e) 20	f) 2
20.	a) 615	b) 199	c) 95	d) 65	e) 3	f) 25
21.	a) 7	b) 147	c) 297	d) 21	e) 161	f) 191
22.	a) – 22	b) – 574	c) – 484	d) – 402	e) – 24	f) – 892

S. 29/30 AUFGABEN LINEARE FUNKTIONEN

1. a) (0 | – 3) b) (0 | 4) c) (0 | 1) d) (0 | – 2) e) (0 | – 5) f) (0 | 0) g) (0 | 8) h) (0 | – 4) i) (0 | 1) j) (0 | 6) k) (0 | 0) l) (0 | 9)

2. a) (0 | – 6) b) (0 | 9) c) (0 | 14) d) (0 | 4) e) $(0 \mid -\frac{5}{4})$ f) $(0 \mid \frac{3}{2})$ g) (0 | – 4) h) (0 | 2) i) (0 | – 4) j) (0 | 12) k) (0 | – 16) l) (0 | 20)

3. a) (– 1 | 0) b) $(\frac{1}{2} \mid 0)$ c) $(\frac{1}{2} \mid 0)$ d) $(\frac{1}{2} \mid 0)$ e) (48 | 0) f) $(\frac{3}{5} \mid 0)$ g) $(\frac{1}{14} \mid 0)$ h) $(-\frac{2}{3} \mid 0)$ i) (– 12 | 0) j) (6 | 0) k) (– 1,5 | 0) l) (3 | 0)

4. a) P_1; P_3; P_4; P_6 b) P_1; P_3; P_4; P_5

S. 29/30

5. a) $y=2x-3$ b) $y=x+9$ c) $y=4x+1$ d) $y=-3x-5$ e) $y=-6x+3$ f) $y=-4x-4$ g) $y=5x-0{,}5$ h) $y=4x-1{,}5$ i) $y=-0{,}5x+1$ j) $y=\frac{4}{5}x+2$ k) $y=\frac{x}{2}+\frac{5}{2}$ l) $y=-2x-3$

6. a) 3 b) 2 c) −1 d) −4 e) $-\frac{1}{4}$ f) 7 g) $\frac{1}{2}$ h) $-\frac{1}{3}$ i) $\frac{2}{5}$

7. a) $y=-\frac{1}{3}x+8\frac{2}{3}$ b) $y=-2x+6$ c) $y=\frac{1}{5}x+11\frac{1}{5}$ d) $y=-3x+31$ e) $y=-\frac{1}{4}x+7\frac{1}{4}$ f) $y=1{,}5x+3{,}5$ g) $y=-5x+67$ h) $y=\frac{1}{4}x+\frac{1}{4}$ i) $y=8x-114$

8. a) $y=3x-2;\ S(\frac{2}{3}|0)$ b) $y=2x-5;\ S(\frac{5}{2}|0)$ c) $y=3x+1;\ S(-\frac{1}{3}|0)$ d) $y=-5x-3;\ S(-\frac{3}{5}|0)$ e) $y=-3x+3;\ S(1|0)$ f) $y=-4x-2;\ S(-\frac{1}{2}|0)$ g) $y=5x-\frac{1}{2};\ S(\frac{1}{10}|0)$ h) $y=4x-2;\ S(\frac{1}{2}|0)$ i) $y=-0{,}5x+1;\ S(2|0)$ j) $y=\frac{x}{3}+\frac{2}{3};\ S(-2|0)$ k) $y=3x;\ S(0|0)$ l) $y=-x+1;\ S(1|0)$

9. a) $y=3x-3$ b) $y=x+1$ c) $y=4x-2$ d) $y=-2x+2$ e) $y=-6x-3$ f) $y=\frac{1}{2}x+1$ g) $y=\frac{2}{3}x-3$ h) $y=-5x-4$ i) $y=-4(x+2)$

AUFGABEN LINEARE GLEICHUNGSSYSTEME

S. 35/37

1. a) (7 | −12) b) (0 | 2) c) (0 | 5) d) (1 | 0) e) (2 | 11) f) (−6 | 27) g) (−6 | −15) h) (0 | −4)

2. a) (−4 | 16) b) (0 | 5) c) (4 | 5) d) (1 | −3) e) (1 | −2) f) (6 | 21) g) (1 | 7) h) (−3 | −6)

3. a) (−6 | −7) b) (2 | 0) c) (−1 | −2) d) (−4 | −11) e) (−1 | 1) f) (−1 | 0,5) g) (3 | 3) h) (6 | −7,5)

4. a) (0 | 1) b) (−9 | 15) c) (6 | −10) d) (5 | 7) e) (−1 | −1,5) f) (−3 | 4) g) (3 | 1) h) (−4 | 10)

5. a) (0 | 1) b) (−8 | 37) c) (−1 | 2) d) (2 | 5) e) (2 | 2) f) (−2 | 3) g) (−2 | −7) h) (5 | −11)

6. a) (1 | −3) b) (5 | 17) c) (−8 | 29) d) (−1 | 0) e) (1 | 2) f) (−1 | 1) g) (−3 | −8) h) (−1 | −2)

7. a) (−7 | 5,5) b) (2 | 2) c) (−1 | 1) d) (−3 | −3) e) (1 | 0,5) f) (2 | −2,5) g) (−8 | 10) h) (1 | 0)

8. a) $(-1|-\frac{1}{3})$ b) (8 | −2) c) $(-1|\frac{2}{3})$ d) (−1 | −1) e) (7 | 18) f) (−6 | 7) g) (4 | 12) h) (1 | −2)

9. a) (5 | −17) b) (−7 | −17) c) (−8 | −21) d) (0 | −3) e) (9 | 22) f) (−1 | −1) g) (−1 | −1) h) (−2 | 6)

10. a) (1 | −2) b) (−1 | −2) c) (−1 | −1) d) (1 | −1,5) e) (−6 | 4) f) (6 | 8) g) (−7 | 11) h) (0 | 0)

11. a) (0 | −2) b) (−6 | −4,5) c) (3 | 2) d) (−3 | −4) e) (2 | 1) f) (−1 | 0,5) g) (4 | 8) h) (−1 | −3)

12. a) (−2 | 2) b) (1 | 1) c) (4 | −4) d) (6 | −5) e) (−2 | 2) f) (−1 | 1) g) (−5 | −1) h) (1 | −0,5)

13. a) (2 | 5) b) (−1 | 1) c) (3 | −0,5) d) (−1 | −1) e) (4 | 1) f) (6 | 9) g) (3 | 5) h) (−4 | −7)

14. a) (−7 | −11) b) (−1 | 2) c) (3 | −3) d) (8 | 12) e) (2 | 2) f) (−2 | 3) g) (7 | −18) h) (3 | 10)

15. a) (5 | −9) b) (4 | 2) c) $(-3|\frac{7}{3})$ d) (−3 | 5) e) (−3 | −4) f) (−1 | −2) g) (8 | 6) h) (1 | 3)

16. a) (5,5 | 2,5) b) (2,2 | 1,5) c) (−6 | 8) d) (1,7 | 2,9) e) (2,5 | 1,5) f) (−3,5 | −1,5) g) (−4,5 | −1,5) h) (7,5 | 4,5)

17. a) (3 | 5) b) (2 | 6) c) (−3 | −2,5) d) (−1 | −1) e) (−6 | −11) f) (2 | 8) g) (1 | 1) h) (3 | 4)

18. a) (1,5 | 5,75) b) (1 | 7) c) (−2 | −10) d) (−7 | −25) e) (2 | 1) f) (−1 | 2) g) (5 | 5) h) (−3 | 5) i) (4 | −12)

19. a) (45 | 16) b) (329 | 88) c) (5 | 7) d) (27 | 6) e) (8 | 14) f) (18 | 15) g) 39 h) 45

20. a) 28; 42 b) 49; 28 c) 12; 3 d) 12 m; 15 m e) 14 m; 21 m f) 6 cm; 8 cm g) 192 m² h) 18 kN; 6 kN

S. 40/42

AUFGABEN QUADRATISCHE GLEICHUNGEN

1. a) $x_1 = -8; x_2 = 0$
b) $x_1 = 0; x_2 = 2$
c) $x_1 = 0; x_2 = 3$
d) $x_1 = -2; x_2 = 0$
e) $x_1 = 0; x_2 = 4$
f) $x_1 - 2; x_2 = 0$
g) $x_1 = 0; x_2 = \frac{3}{2}$
h) $x_1 = 0; x_2 = 4$
i) $x_1 = 0; x_2 = 14$
j) $x_1 = 0; x_2 = 4$
k) $x_1 = 0; x_2 = \frac{3}{5}$
l) $x_1 = -7; x_2 = 0$

2. a) $x = -2$
b) $x = 2$
c) $x_1 = -1; x_2 = 1$
d) $x = -\frac{1}{2}$
e) $x = \frac{4}{3}$
f) $x = -3$
g) $x_1 = -8; x_2 = 8$
h) $x = 3$
i) $x_1 = -\frac{4}{3}; x_2 = \frac{4}{3}$
j) $x = -1$
k) $x_1 = -\frac{3}{2}; x_2 = \frac{3}{2}$
l) $x = -1$

3. a) $x_1 = -2; x_2 = 2{,}5$
b) $x_1 = 1; x_2 = 2$
c) $x_1 = -3; x_2 = -0{,}5$
d) $x_1 = -1{,}5; x_2 = 2$
e) $x_1 = -2; x_2 = -0{,}5$
f) $x_1 = 1; x_2 = 2$
g) $x_1 = -8; x_2 = -2$
h) $x_1 = -4; x_2 = -3$
i) $x_1 = -1{,}4; x_2 = 1$
j) $x_1 = 1; x_2 = 2$
k) $x_1 = 1; x_2 = 6$
l) $x_1 = -2; x_2 = 5$

4. a) $x_1 = -1{,}5; x_2 = 0$
b) $x_1 = 1; x_2 = -\frac{2}{3}$
c) $x = 5$
d) $x = \frac{4}{9}$
e) $x_1 = -1{,}8; x_2 = 2$
f) $x_1 = 3; x_2 = 6$
g) $x_1 = -1; x_2 = 0$
h) $x_1 = -5; x_2 = 2$
i) $x_1 = -1; x_2 = 3{,}5$
j) $x_1 = 4; x_2 = -1$
k) $x_1 = -10; x_2 = 2$
l) $x_1 = 0; x_2 = -1{,}6$
m) $x_1 = 3; x_2 = -0{,}75$
n) $x_1 = 10; x_2 = -1$
o) $x_1 = 3; x_2 = -2$

5. a) $x_1 = -3; x_2 = 1$
b) $x_1 = -0{,}5; x_2 = -1$
c) $x_1 = -1{,}2; x_2 = 3$
d) $x_1 = 1; x_2 = -3{,}5$
e) $x_1 = 3; x_2 = \frac{4}{3}$
f) $x_1 = -3{,}25; x_2 = 1$
g) $x_1 = 0{,}5; x_2 = -3$
h) $x_1 = x_2 = -2$
i) $x_1 = -1{,}5; x_2 = -3$
j) $x_1 = -2; x_2 = 1{,}5$
k) $x_1 = -0{,}5; x_2 = -1{,}5$
l) $x_1 = 3; x_2 = -2$
m) $x_1 = -5; x_2 = 2$
n) $x_1 = 3; x_2 = -1$

6. a) $x_1 = 1; x_2 = -2{,}6$
b) $x_1 = -1; x_2 = 1{,}5$
c) $x_1 = 0{,}5; x_2 = 1$
d) $x_1 = 2; x_2 = -3$
e) $x_1 = -2; x_2 = 1$
f) $x_1 = -0{,}5; x_2 = -1$
g) $x_1 = -4; x_2 = 1$
h) $x_1 = -1; x_2 = 5{,}5$
i) $x_1 = -0{,}5; x_2 = 2$
j) $x_1 = 2; x_2 = -\frac{1}{3}$
k) $x_1 = -1; x_2 = 5$
l) $x_1 = -0{,}4; x_2 = 2$
m) $x_1 = -0{,}5; x_2 = -1{,}5$
n) $x_1 = -1; x_2 = 4$

7. a) $x_1 = -1{,}25; x_2 = 1$
b) $x_1 = -8; x_2 = 1$
c) $x_1 = 3; x_2 = 0$
d) $x_1 = -3; x_2 = 2$
e) $x_1 = -1; x_2 = 3{,}25$
f) $x_1 = 2; x_2 = 2{,}5$
g) $x_1 = -\frac{7}{3}; x_2 = -1$
h) $x_1 = 2; x_2 = -1{,}75$
i) $x_1 = 1; x_2 = -6$
j) $x_1 = -3; x_2 = 1$
k) $x_1 = 8; x_2 = -1$
l) $x_1 = 3; x_2 = -4$
m) $x_1 = -2; x_2 = 7$
n) $x_1 = 1; x_2 = -2$
o) $x_1 = 3; x_2 = -1{,}25$

8. a) $x_1 = -1; x_2 = -3$
b) $x_1 = 1; x_2 = -2{,}2$
c) $x_1 = -6; x_2 = -2$
d) $x_1 = x_2 = 2$
e) $x_1 = -4; x_2 = 1$
f) $x_1 = -3; x_2 = -0{,}5$
g) $x_1 = -2; x_2 = -5$
h) $x_1 = x_2 = 1$
i) $x_1 = -2; x_2 = 2{,}5$
j) $x_1 = -3; x_2 = -6$
k) $x_1 = -1; x_2 = 3$
l) $x_1 = 2; x_2 = 5$
m) $x_1 = -2; x_2 = 6$
n) $x_1 = -2{,}75; x_2 = 1$
o) $x_1 = 0{,}5; x_2 = 1$

9. a) $x_1 = -1; x_2 = 0{,}25$
b) $x_1 = 2; x_2 = 2{,}5$
c) $x_1 = -5; x_2 = 2$
d) $x_1 = 1{,}5; x_2 = 3$
e) $x_1 = -0{,}6; x_2 = 1$
f) $x_1 = -1; x_2 = 5$
g) $x_1 = -0{,}4; x_2 = 1$
h) $x_1 = 1; x_2 = -2{,}25$
i) $x_1 = -5; x_2 = 1$
j) $x_1 = -3; x_2 = 6$
k) $x_1 = -1{,}5; x_2 = -1$
l) $x_1 = -5; x_2 = -1$
m) $x_1 = -1{,}5; x_2 = 6$
n) $x_1 = -2; x_2 = 1{,}75$
o) $x_1 = -2{,}4; x_2 = 1$
p) $x_1 = -3; x_2 = 4$
q) $x_1 = -7{,}5; x_2 = 9$
r) $x_1 = -2; x_2 = 3$
s) $x_1 = -2; x_2 = 5$
t) $x_1 = 0; x_2 = 7$

10. a) $x_1 = -4{,}5; x_2 = 2$
b) $x_1 = -1; x_2 = 2{,}5$
c) $x_1 = -4{,}5; x_2 = 2$
d) $x_1 = -1; x_2 = -\frac{7}{3}$
e) $x_1 = -0{,}5; x_2 = 3$
f) $x_1 = -2; x_2 = 4{,}5$
g) $x_1 = 1; x_2 = -3{,}5$
h) $x_1 = -5; x_2 = 3$
i) $x_1 = -1{,}25; x_2 = 2$
j) $x_1 = 2; x_2 = 6$
k) $x_1 = -\frac{2}{3}; x_2 = 3$
l) $x_1 = -2; x_2 = 10$
m) $x_1 = -2; x_2 = 2{,}5$
n) $x_1 = 4; x_2 = 5$

S. 40/42

11. a) $x_1 = -4; x_2 = -7$ b) $x_1 = -1; x_2 = -7$ c) $x_1 = x_2 = 1$ d) $x_1 = -4; x_2 = 3$ e) $x_1 = -1,5; x_2 = -0,5$ f) $x_1 = 2; x_2 = 4$ g) $x_1 = 0,5; x_2 = 2$ h) $x_1 = 1; x_2 = 3\frac{2}{3}$ i) $x_1 = 1; x_2 = 3,5$ j) $x_1 = 3; x_2 = 5$ k) $x_1 = -2\frac{1}{3}; x_2 = 2$ l) $x_1 = 4; x_2 = 10$ m) $x_1 = -2; x_2 = 3$ n) $x_1 = 0,5; x_2 = 2$ o) $x_1 = -3; x_2 = 6$ p) $x_1 = -1; x_2 = 4\frac{3}{5}$

12. a) $\mathbb{R} \setminus \{-2\}$ b) keine Lösung c) $\mathbb{R}$ d) $x < -\frac{1}{2} \vee x > 0$ e) $x < 1 \vee x > 2$ f) $x < -1 \vee x > 0$ g) $x < 3 \vee x > 6$ h) $2 < x < 3$ i) $-1 < x < 3$ j) $x < -3 \vee x > 2$ k) $-5 < x < -3$ l) $x < 2 \vee x > 6$

TEXTAUFGABEN

S. 42

1. $x = 3$
2. $x_1 = 2; x_2 = 18$
3. 36 m; 12 m
4. 44 m; 11 m
5. 16; 48
6. 12
7. 17; 18
8. $x_1 = 5; x_2 = 7$
9. $x_1 = -16; x_2 = 11$
10. $x_1 = -15; x_2 = 15$
11. 6,5 m
12. 7 m
13. $l_1 = 40$ m; $l_2 = 30$ m
14. 15 m
15. 24 cm
16. 15 h; 22,5 h
17. 6 dm
18. 4 cm

AUFGABEN BRUCHGLEICHUNGEN

S. 44/45

1. a) 4 b) 6 c) 0 d) −1,5 e) −20 f) 0,5 g) 1,5 h) −5 i) 7 j) 9 k) −2,5 l) 6

2. a) 0 b) −5 c) 3 d) 0,5 e) 0 f) −6,5 g) −1 h) 1,5 i) 7 j) 9 k) −2,5 l) 6

3. a) −5 b) 0 c) −5 d) −0,5 e) −6,5 f) −6,5 g) 6 h) 2 i) −0,5 j) 0 k) 19 l) 5

4. a) 11 b) −1,5 c) −3 d) −1 e) 2 f) −17 g) 7 h) −31 i) 3 j) −5 k) −1 l) −4

5. a) 4 b) 1 c) 3 d) −1 e) 5 f) 6 g) 1 h) 7 i) 1 j) −15 k) −2 l) 1

6. a) 0 b) −14 c) 0 d) 5 e) 4 f) 13 g) −6 h) 2,5 i) −3 j) −0,5 k) 0 l) 20

7. a) −5 b) 6 c) 7 d) 0 e) −14 f) 16 g) 12 h) −3,5 i) 2,5 j) −19 k) −7,5 l) −32

8. a) $x_1 = 0,5; x_2 = 1,5$ b) $x_1 = -2; x_2 = -6$ c) $x_1 = -0,5; x_2 = -1$ d) $x_1 = 1; x_2 = 0,1$ e) $x_1 = -2; x_2 = -2$ f) $x_1 = -0,5; x_2 = -4$ g) $x_1 = 0; x_2 = -2$ h) $x_1 = -0,5; x_2 = -1$ i) $x_1 = 0; x_2 = -1$ j) $x_1 = 0,25; x_2 = -0,6$ k) $x_1 = -0,5; x_2 = -2,5$ l) $x_1 = 0; x_2 = 2,5$

9. a) $x_1 = 0,25; x_2 = -0,75$ b) $x_1 = 1; x_2 = -\frac{1}{6}$ c) $x_1 = -1,4; x_2 = 1$ d) $x_1 = -3; x_2 = 1,5$ e) $x_1 = 1,25; x_2 - 1,5$ f) $x_1 = \frac{1}{6}; x_2 = 1,5$ g) $x_1 = 0; x_2 = 2,25$ h) $x_1 = 1,5; x_2 = 1,75$ i) $x_1 = 2; x_2 = 4$ j) $x_1 = -0,25; x_2 = -0,5$ k) $x_1 = 0; x_2 = -2\frac{2}{15}$ l) $x_1 = 0; x_2 = -1,8$

10. a) $x_1 = -4; x_2 = -1$ b) $x_1 = -\frac{1}{4}; x_2 = 2$ c) $x_1 = \frac{3}{4}; x_2 = 1$ d) $x_1 = 0,75; x_2 = 2,5$ e) $x_1 = 3; x_2 = 3$ f) $x_1 = 2,5; x_2 = 3$ g) $x_1 = -4; x_2 = -3,5$ h) $x_1 = 1; x_2 = 4,25$ i) $x_1 = 1; x_2 = 2$ j) $x_1 = -1,5; x_2 = -0,25$ k) $x_1 = 1; x_2 = 3,75$ l) $x_1 = -4; x_2 = -2$

11. a) $x_1 = -0,1; x_2 = 0$ b) $x_1 = -1,5; x_2 = 0,5$ c) $x_1 = -3,5; x_2 = -1,5$ d) $x_1 = -1,5; x_2 = 3$ e) $x_1 = 0,5; x_2 = 1$ f) $x_1 = -1,4; x_2 = -1$ g) $x_1 = x_2 = -2$ h) $x_1 = -\frac{3}{4}; x_2 = -\frac{1}{2}$ i) $x_1 = -3,5; x_2 = -1$ j) $x_1 = -6; x_2 = -1$ k) $x_1 = -6; x_2 = -3$ l) $x_1 = -1,7; x_2 = 1$

12. a) $x_1 = -\frac{1}{3}; x_2 = 2$ b) $x_1 = 1,5; x_2 = 5$ c) $x_1 = -3; x_2 = 3$ d) $x_1 = -2,5; x_2 = -0,5$ e) $x_1 = 1; x_2 = 1,5$ f) $x_1 = -1,5; x_2 = -1,25$ g) $x_1 = -1; x_2 = -0,25$ h) $x_1 = -0,5; x_2 = 0,5$ i) $x_1 = 0,25; x_2 = 1$ j) $x_1 = 1; x_2 = 6$ k) $x_1 = 0,5; x_2 = 2$ l) $x_1 = -0,05; x_2 = 1$

S. 44/45

13. a) $x_1 = 1; x_2 = \frac{1}{4}$
b) $x_1 = 0; x_2 = -3{,}5$
c) $x_1 = -\frac{1}{2}; x_2 = -3$
d) $x_1 = 2; x_2 = 3$
e) $x_1 = 1; x_2 = -\frac{1}{10}$
f) $x_1 = 1\frac{1}{4}; x_2 = \frac{2}{3}$
g) $x_1 = 1; x_2 = -\frac{1}{12}$
h) $x_1 = 2{,}5; x_2 = 0{,}5$
i) $x_1 = x_2 = 1{,}5$
j) $x_1 = -1; x_2 = -2{,}25$
k) $x_1 = 0{,}75; x_2 = -1{,}2$
l) $x_1 = -1; x_2 = -4\frac{1}{3}$

14. a) $x_1 = 2; x_2 = -1{,}5$
b) $x_1 = -1{,}5; x_2 = -4$
c) $x_1 = 1{,}75; x_2 = 1{,}5$
d) $x_1 = 2; x_2 = -2{,}5$
e) $x_1 = 1; x_2 = -\frac{1}{3}$
f) $x_1 = 3; x_2 = -0{,}5$
g) $x_1 = 1; x_2 = 0{,}7$
h) $x_1 = 3{,}5; x_2 = -1$
i) $x_1 = 1{,}5; x_2 = -1{,}5$
j) $x_1 = 2{,}5; x_2 = -3$
k) $x_1 = -3{,}5; x_2 = -4$
l) $x_1 = 0{,}5; x_2 = -0{,}75$

S. 47/48

AUFGABEN WURZELGLEICHUNGEN

1. a) 11 b) 7 c) 5 d) 7 e) 7,5 f) 10 g) 3 h) 2 i) 1 j) 4 k) 3 l) 2

2. a) 1 b) −1 c) 9 d) 11 e) 8 f) −3 g) 3 h) 9 i) 16 j) 4 k) 9 l) 25 m) 3 n) 2 o) 0 p) 11

3. a) $x_1 = -10; x_2 = -3$
b) $x_1 = 2; x_2 = 20$
c) $x_1 = 0{,}5; x_2 = 21$
d) $x_1 = -15; x_2 = -1$
e) $x_1 = 2; x_2 = 3{,}75$
f) $x_1 = 1; x_2 = 2$
g) $x_1 = 1; x_2 = 2$
h) $x_1 = 2; x_2 = 10$
i) $x_1 = -1{,}5; x_2 = -1$
j) $x_1 = 1; x_2 = 12$
k) $x_1 = 0{,}75; x_2 = 1$
l) $x_1 = 0{,}5; x_2 = 1$

4. a) $x_1 = \frac{3}{4}; x_2 = 2$
b) $x_1 = 2; x_2 = 6$
c) $x_1 = 0{,}25; x_2 = 2$
d) $x_1 = 0{,}5; x_2 = 3$
e) $x_1 = 0{,}25; x_2 = 2$
f) $x = 0{,}5$
g) $x = -3$
h) $x = -1{,}25$
i) $x = 3{,}75$
j) $x = 10$
k) $x_1 = -5; x_2 = -1$
l) $x = -20$

5. a) 3 b) $\frac{1}{5}$ c) $\frac{17}{15}$ d) 1 e) 1 f) $\frac{13}{3}$ g) 3,5 h) 0 i) −1 j) −1

6. a) 2 b) −5 c) 9 d) 13,25 e) 7 f) 2 g) 5 h) { } i) 8 j) 4

S. 51

AUFGABEN QUADRATISCHE FUNKTIONEN

1. a) (0 | −5)
b) (0,5 | 1,25)
c) (0 | 0)
d) (−0,1 | 1,05)
e) (1 | −4)
f) (−1,25 | 8,125)
g) (0 | 5)
h) (−1 | −7)
i) (0,5 | −6)
j) (−0,2 | −4,8)
k) (2 | 4)
l) (1,5 | −5,25)
m) (1 | −5)
n) (−0,5 | −2,25)
o) (1 | 1)

2. a) (1,5 | 6,25)
b) (−0,75 | −0,875)
c) (−2,5 | −5,25)
d) (0,3 | −3,55)
e) (0,5 | −3,5)
f) (0,2 | −4,2)
g) (0,25 | 4,75)
h) (0,5 | 3,5)
i) (1 | 5)
j) (0,1 | 2,95)
k) (1 | −3)
l) (0,5 | −3,25)
m) (−0,5 | 0,5)
n) (−0,5 | −5)
o) (0,5 | 3,5)

3. a) (1 | 5)
b) (−2 | −4)
c) (8 | −4)
d) (−1,5 | 4,5)
e) (−4 | −3)
f) (3 | 7)
g) (1 | 2)
h) (−5 | 8)
i) (−4 | 4)
j) (2 | 2)
k) (3 | 9)
l) (−1 | −3)
m) (−2 | −7)
n) (5 | −3)
o) (1 | 10)

4. a) $f(x) = x^2 - 2x + 1$
b) $f(x) = x^2 - 2$
c) $f(x) = x^2 + 4x + 3$
d) $f(x) = \frac{1}{2}x^2 + 4x + 4$

AUFGABEN POTENZEN UND *n*-TE WURZELN

S. 54/55

1. a) -11 c) $a^4 x^4$ e) 17 g) $5a^2$ i) $7u^2$ k) $19a^3$ m) $-\frac{15}{16}$ o) $\frac{77}{81}$
b) $-x^3 y^3$ d) $m^2 n^2 o^2$ f) -17 h) b^2 j) $10m^2$ l) -7 n) $\frac{7}{16}$ p) $-1\frac{17}{32}$

2. a) $7a^2 b$ c) $7p^3$ e) $7a^2$ g) $\frac{7}{12} r s^2$ i) $7\frac{1}{18} r^5 x$ k) $10a^2 b^3$ m) $8m^4 n^3$ o) $6{,}8 a^5 b$
b) $m n^2$ d) $11x^2 y^3$ f) $5x y^2$ h) $1\frac{3}{4} x^3 y$ j) $4\frac{1}{24} m^3 n$ l) $13x^3 y$ n) $9x y^4$ p) $21x^2 y^4$

3. a) 32 c) 0 e) $4a(x^2 + 2a)$ g) $3b^3(3a^2 - 1)$ i) $5b^3(3a^4 + 1)$ k) $5n^2(5m^3 - 2)$
b) 54 d) -32 f) $3n(m^2 + n)$ h) $3y^4(2x^2 + 3)$ j) $12x(y^2 - 1)$ l) $7s^3(r^3 s + 1)$

4. a) x^7 c) $30u^8$ e) $-15n^{11}$ g) $12a^3 b^4$ i) $21u^3 v^7$ k) $12x^5 y^9$
b) $8a^6$ d) $24m^8$ f) $12(xy)^3$ h) $10x^3 y^4$ j) $40m^6 n^3$ l) $-8a^8 b^3$

5. a) $4x^4 - 12x^2$ c) $m^4 - 6m^5$ e) x^{2n} g) $12a^{6-8y}$ i) 2 k) $42m^{5a+b}$
b) $a^6 - 3a^4$ d) x^{7a} f) m^{5x+1} h) $21x^{3a}$ j) $8n^{4x}$ l) $6(a-x)^{5m}$

6. a) a^2 c) $(a+b)^2$ e) $2u$ g) 12 i) 4 k) $12(a+b)$
b) m^{-2} d) $2xy$ f) $4x^2 y$ h) $3mn$ j) $\frac{3}{5}$ l) $\frac{1}{4}(\frac{y}{x})^3$

7. a) $\frac{25}{49}(\frac{x}{y})^3$ c) $\frac{3}{4}ab$ e) $\frac{3(a+b)}{4(a-b)}$ g) $\frac{4}{a-b}$ i) $\frac{1}{u+v}$ k) $4(\frac{b}{a})^5$
b) $\frac{2a}{3b}$ d) $3\frac{31}{75} \cdot \frac{m}{n}$ f) $(mx)^3$ h) $x + n$ j) $2a^2 - ab - b^2$ l) $\frac{v}{u}$

8. a) 729 c) -64 e) 256 g) $\frac{1}{16}$ i) 1 k) 64
b) 64 d) 81 f) $-\frac{1}{8}$ h) 16 j) -64 l) $\frac{1}{64}$

9. a) a^{20} c) m^{3x} e) $v^{x(a+1)}$ g) b^8 i) 1 k) $\frac{1}{2}(\frac{v^3}{u})^2$
b) $\frac{1}{x^3}$ d) u^{6+3x} f) $\frac{1}{x^6}$ h) $x^4 y^6$ j) $\frac{9x^2}{4u^4 \cdot v^2 \cdot w^2}$ l) $m^{x^2 - y^2}$

10. a) 6 c) 4 e) 2 g) 2 i) 12 k) 12 m) 32 o) 18
b) 10 d) 8 f) 3 h) 4 j) 6 l) 24 n) 20 p) 48

11. a) $7\sqrt{x}$ c) $10\sqrt{m}$ e) $6\sqrt{x + 3y}$ g) $\frac{4}{3}$ i) a^2 k) $\frac{x^2}{y^3}$ m) $\frac{1}{\sqrt[3]{u}}$ o) $a^{\frac{7}{8}}$
b) $2\sqrt{a}$ d) $3\sqrt{u - 3v}$ f) $33a^2 b$ h) $\frac{2}{3}$ j) $\frac{u^2}{v}$ l) $\sqrt[6]{a^5}$ n) $\sqrt[4]{a}$ p) $3^{\frac{7}{8}}$

Stichwortverzeichnis